Hans-Dieter Zollondz

Marketing-Mix

Die sieben P des Marketings

POCKET BUSINESS

Cornelsen

Verlagsredaktion: Annette Preuß
Grafik und technische Umsetzung: Holger Stoldt, Düsseldorf
Umschlaggestaltung: Ellen Meister, Berlin
Titelfoto: © Stefan Wagner, Berlin

Informationen über Cornelsen Fachbücher und Zusatzangebote:
www.cornelsen.de/berufskompetenz

3. Auflage

Druck: Druckhaus Berlin-Mitte

ISBN 978-3-589-23415-8

Inhalt gedruckt auf säurefreiem Papier
aus nachhaltiger Forstwirtschaft.

Inhalt

Vorbemerkung **5**

1 Vom klassischen Marketing-Mix zum CR-Marketing **7**

- Paradigmenwechsel in der instrumentalen Orientierung des Marketings 7
- Ziele und Wirkungen des klassischen Marketinginstrumentariums 11
- Auf dem Weg zum umfassenden Marketingverständnis 21

Auf den Punkt gebracht ***26***

2 Die Instrumentalbereiche des klassischen Marketings **27**

- Die Kombination der Instrumente 27

M agazinseite: Die Instrumentalbereiche des klassischen Marketing-Mix (4 Ps) .. 28

- Produktpolitik 31

M agazinseite: Leitfragen zur Gestaltung des Marketing-Mix 32

M agazinseite: Vom Produkt zur Marke 44

- Preis- und Konditionenpolitik 52

M agazinseite: Preispolitische Ziele und Strategien 58

- Kommunikationspolitik 67

M agazinseite: Kombiniertes Kommunikationsmodell .. 72

M agazinseite: Wann spricht man von Kommunikation? 80

M agazinseite: Die Bedeutung der Platzierung 92

- Distributionspolitik/Vertriebspolitik 95

Auf den Punkt gebracht 105

3 Die drei neuen Ps des Marketings 106

- Begründungen für die drei neuen Ps 106
- Personalpolitik – Mitarbeiterorientierung .. 109
- Prozesspolitik – Prozessmanagement 111
- Ausstattungspolitik – Service Design 112
- Die drei neuen Ps verankern 114

Auf den Punkt gebracht 117

4 Internetmarketing 118

- Geschäftsmodelle des Internetmarketings . 118
- Was ist Internetmarketing? 120
- Internetmarketing im E-Business 122
- Der Internetmarketing-Mix im E-Business .. 124

Auf den Punkt gebracht 127

Literaturverzeichnis 128

Abkürzungsverzeichnis 132

Stichwortverzeichnis 132

Vorbemerkung

„Das Marketing befindet sich am Übergang von einer funktionalen Sichtweise zu einem ganzheitlichen Ansatz, der auf Kunden- und Marktorientierung basiert und eine umfassende Kundenzufriedenheit zum Ziel hat.“ (Ergenzinger/Thommen 2001, S. 5)

Das vorliegende Buch wendet sich an alle, die ein Stück (gar nicht so neues) Neuland im Marketing betreten wollen, die also einerseits das „Alte“ reflektiert rezipieren und andererseits wissen wollen, wie es weitergehen könnte. Sinnvollerweise sollte das Buch „Grundlagen Marketing“ zur Ergänzung hinzugezogen werden.

Auffallend am Marketing ist, dass die Leitkonzepte des operativen Marketings vor fast fünzig Jahren eingeführt wurden. Obwohl die Trennschärfe und Zuordnung der Subkategorien immer wieder kritisiert wurden, hat man mit diesen Begriffen in Wissenschaft und Praxis weitergearbeitet.
Das ist kein Zufall: Der Prozess der Erkenntnis des Neuen vollzieht sich – so würde Thomas S. Kuhn sagen – nicht kontinuierlich, sondern revolutionär. Das bestehende Marketingmodell (Transaktionsmarketing) hat seine Erklärungskraft und Praxistauglichkeit noch nicht eingebüßt. Es hat noch kein Paradigmenwechsel stattgefunden, das alte Paradigma ist nur etwas „aufgeweicht“. Auch die Wissenschaft kann noch sehr gut mit dem Nebeneinander der Ps und Cs leben, die uns geliefert werden.
Dennoch wenden sich viele Marketer und Marketingexperten vom Massenmarketingkonzept des Transaktionsmarketings ab und setzen auf personalisiertes Marketing, das die individuellen Kundenbeziehungen in den Mittelpunkt rückt (so neuer-

dings auch Kotler in seinem Marketing der Zukunft 2002). Wenn wir einem Vordenker in dem folgen wollen, worum es beim Marketing gehen sollte, dann mag dafür der Österreicher Peter Drucker stehen, der feststellte, dass es nur eine gültige Definition für den Geschäftszweck einer Organisation geben könne, nämlich den, einen Kunden zu erschaffen (das war 1973 – erinnert nun wirklich an Rocky in: The Rocky Horror Picture Show. London 1973).

Sie sollten dieses Buch Kapitel für Kapitel lesen. Im ersten Kapitel wird ein Praktiker-Wirkungsmodell eingeführt, das als Interpretationsgrundlage für die Erkenntnisse aus Kapitel 2 dient. Die dort behandelten Instrumentalbereiche des Marketings bilden den Schwerpunkt. Ich habe versucht, sie verstehensorientiert und nicht apodiktisch in Checklistenform darzustellen. Als Marketer mag man prüfen, was man hiervon gebrauchen kann (erst etwas studieren, dann probieren).

Nachdem bereits in Kapitel 3 die klassischen Mixbereiche durch das Dienstleistungsmarketing eine Ergänzung erfahren haben, gilt das auch für das Internetmarketing (Kapitel 4): Präsentation und Prozess bestimmen die Gestaltungsbereiche des Internetmarketings.

Ich wünsche Ihnen eine interessante Lektüre.

München, im Januar 2008

Hans-Dieter Zollondz
http://www.lexikon-qm.de
eMail: zollondz@lexikon-qm.de

1 Vom klassischen Marketing-Mix zum CR-Marketing

„Wenn man nur einen Hammer hat, dann sieht plötzlich alles wie ein Nagel aus.“ (A. Maslow)

1.1 Paradigmenwechsel in der instrumentalen Orientierung des Marketings

„Müssen wir unsere aus der gewöhnlichen Erfahrung stammenden Begriffe nicht ständig revidieren?“ (G. Bachelard 1988, S. 160)
Von Kolumbus wird erzählt, dass er – anders als die Seeleute seiner Zeit – das Meer nicht als eine ebene Fläche sah. Er beobachtete, wie die Segelschiffe hinter dem Horizont nicht einfach verschwanden, sondern gewissermaßen „phasenweise“ untertauchten: Zuerst verschwand der Rumpf, dann die Segel und schließlich die Spitze der Masten.
Das brachte ihn dazu, die Meere anders zu sehen, er richtete sein Denken nach einem anderen „Paradigma“ aus, würde man heute sagen. Dadurch, dass er die Meere und die Erde als Kugel sah, schuf er ein neues Muster, das ihn fortan leitete und mit dem er seiner Überzeugung nach auf der anderen Seite der Erdkugel gewesen war.

Paradigma:

Als Paradigma bezeichnet man ein gedankliches Grundmodell der Erfahrung, das für das Verständnis der Zusammenhänge von Tatbeständen der Erfahrungswelt dient und – je nach Konkretisierungsgrad – als Arbeitsprogramm für die wissenschaftliche und praktische Tätigkeit entwickelt wird.

Kolumbus glaubte an ein einfaches Konzept, dessen Komplexität er nicht ahnte. Einfachheit – das lehrt uns die moderne Wissenschaftsgeschichte – ist jedoch kein Ergebnis von Komplexitätsreduktion, sondern zeigt uns erst, das Vielgestaltige zu erkennen. Am Beispiel von Kolumbus wurde das dann offensichtlich.
Die Erfahrungen der Späteren zeigten: Zwar ließ sich das Kugelhafte der Erde bestätigen, aber keineswegs der erfahrene Ort: Kolumbus hatte nicht Indien entdeckt, sondern die von ihm so benannten Indianer Nordamerikas. Die einfache Annahme von der Kugelgestalt der Erde entpuppte sich als „Vielgestaltigkeit".
Generell ist das Einfache stets das Vereinfachte, hinter dem sich die Idee der fundamentalen Komplexität verbirgt. Eine Erkenntnis, die allerdings für den nach schnellen Rezepten Suchenden schwer zu akzeptieren ist, schon gar nicht für manche „Praktiker", die zunächst nicht glauben können, wie trügerisch einfach die Erscheinungsform, hinter der sich das komplexe Reale verbirgt, sein kann. Anders der reflektierende Praktiker, der sich die Zeit nimmt, seine Handlungen tiefgreifender zu überdenken.

Diese generelle Erkenntnis gilt auch für das Marketing. Die kollektive Vernunft der Marketingexperten konnte sich offenbar seit den 60er Jahren des 20. Jahrhunderts nicht der Suggestivwirkung verschließen, die McCarthy 1960 mit seinem Ansatz auf den Punkt gebracht hatte: Er hat die Vielfalt reduziert, indem er genau vier Marketinginstrumente bestimmte, die sich offenbar ohne Restkategorien benennen lassen:

- Product,
- Price,
- Place,
- Promotion.

Orientiert an den Marketingzielen und strategischen Vorgaben sind mit diesen Instrumenten Entscheidungen über Mittel zu treffen, mit denen die Ziele erreicht und die Strategien erfüllt werden sollen. Mit den marketingpolitischen Instrumenten soll folglich ein vorgegebenes Zielsystem bestmöglich erreicht werden.

Marketinginstrument:

Maßnahmenbündel oder konkrete Einzelmaßnahme zur Erreichung der Marketingziele. Marketinginstrumente werden im Rahmen des Marketing-Mix kombiniert und koordiniert. Unter dem Dach der klassischen Marketing-Instrumentalbereiche (Product, Price, Place, Promotion) fungieren sie als Handlungsparameter. Ihr Einsatz erfolgt in Abhängigkeit von Betriebstyp und Produkt situations-, zeit- und zielgruppenbezogen.

Die Vielzahl beeinflussender sog. Subinstrumente den o.g. vier „Haupt-Instrumentalbereichen" zuzuordnen, stellte dann eine Systematisierungsaufgabe dar, die von den Marketingexperten im Laufe der Zeit unterschiedlich gelöst wurde.

Inhaltlich geht es beim Marketing-Mix um die Kombination und Koordination der Marketinginstrumente, die eine Organisation zur Erreichung ihrer Marketingziele auf dem Zielmarkt einsetzt.

Es handelt sich also um ein komplementäres System: Jedes Instrument muss unter Berücksichtigung des Einsatzes der übrigen Instrumente gezielt abgestimmt eingesetzt werden.

Marketing-Mix:

Kombination und Koordination der Marketinginstrumente auf dem Zielmarkt, um die Marketingziele zu erreichen. Der Begriff tauchte bereits Ende der 1940er Jahre auf.

Wenn es etwas gibt, was das Marketingdenken und -handeln seit Jahrzehnten weltweit geprägt hat, dann waren es diese vier Grundbegriffe des Marketings, deren Alleinstellung erst in den letzten Jahren durch eine langsame geistige Modifikation infrage gestellt wurde.
Basierend auf der Erkenntnis, dass die vier Arbeitsbereiche nicht mehr ausreichen, um die komplexe Wirklichkeit zu erfassen, wurde zunehmend – ergänzend oder ausschließlich – auf andere Konzepte zurückgegriffen, die sich jedoch weder eigenständig etablieren noch in das Bestehende integriert werden konnten.

Das sich seit etwa zehn Jahren herausbildende neue Denken im Marketing strebt nach einer Revision der Leitbegriffe des Marketing-Mix, nach einem Umbau der Marketingvernunft, um die sich verändernde Realität, insbesondere die Marketingpraxis, mit angemessenen Begriffen beschreiben zu können.
Ein bündiger Vorschlag für ein offenes neues Marketing-Instrumentarium liegt nicht vor, wohl aber einzelne Bausteine, die einerseits innerhalb des Marketings die Kategorien auswei-

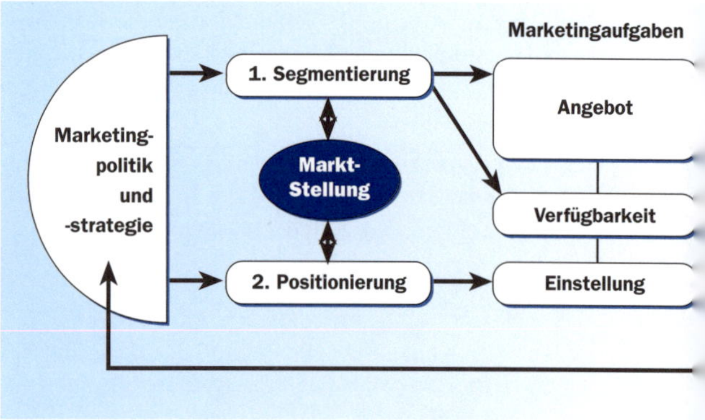

Wirkungen der klassischen Instrumente des Marketing-Mix

ten, andererseits Anleihen bei anderen Disziplinen nehmen, um der neuen Komplexität gerecht zu werden. Die auf der Hand liegende praktische Forderung lautet deshalb:

> Das Marketing muss mehr an die Schnittstellen heran, die von anderen Disziplinen inzwischen besetzt wurden. Es muss sich die dort gebildeten Begrifflichkeiten und Konzepte anschauen und adaptieren.

1.2 Ziele und Wirkungen des klassischen Marketinginstrumentariums

Wie die Abbildung zeigt, sind in Abhängigkeit von der jeweiligen Marketingpolitik und -strategie des Unternehmens drei Aufgabenbereiche zu nennen (vgl. Weis 1995, S. 68):

- Aufgabe der Produkt-, Preis- und Konditionenpolitik (Product/Price) ist es, das Angebot für den Markt festzulegen;
- Aufgabe der Distributionspolitik (Place) ist es, das Angebot für den Markt bereitzuhalten und verfügbar zu machen (Verfügbarkeit);

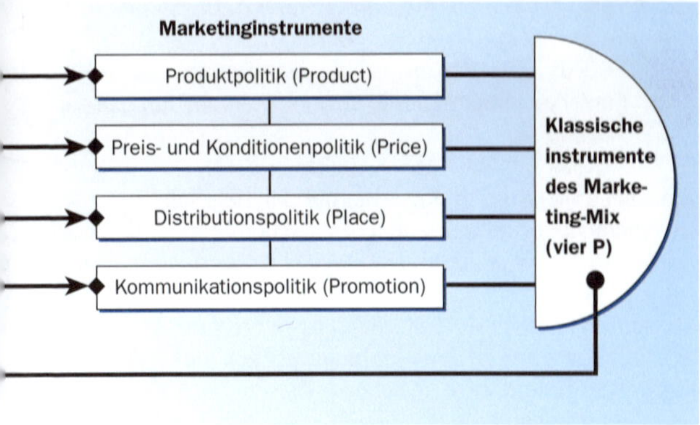

- Aufgabe der Kommunikationspolitik (Promotion) ist es, das Angebot bekannt zu machen und ein positives Image für das Produkt und die Organisation aufzubauen (Einstellungsänderung).

Nach dieser in der Praxis vorherrschenden Modellvorstellung soll entsprechend der Festlegung der Instrumente (Marketing-Mix) die Stellung des Unternehmens auf dem Markt ausgerichtet werden, indem durch (Markt-)Segmentierung und Positionierung eine möglichst hohe Identität zwischen dem angebotenen Produkt und der Abnehmergruppe (Marktsegment) angestrebt wird.
Dabei dient als Orientierungsmarke die Festlegung in der Marketingpolitik des Unternehmens, also die Ausrichtung auf die strategischen und operativen Ziele, die mit der Marketingpolitik verfolgt werden sollen.

Marketingpolitik:
Die Gesamtheit der ziel- und maßnahmenbezogenen Entscheidungen zur Gestaltung des Marketings der Organisation. Marketingpolitik bezieht sich sowohl auf die normativen strategischen als auch auf die operativen Bereiche des Marketings. Davon abzugrenzen ist die Marktpolitik, die sich auf die Aktionsebene bezieht (Beschaffung und Absatz).

Ein solches Mix-orientiertes Basismodell liegt sehr oft – meistens nicht ausformuliert – dem praktischen Marketinghandeln zugrunde, wobei marketingstrategische Überlegungen nicht extra ausgewiesen sind, sondern im Rahmen des Modells, also Mix-untergeordnet, die Entscheidungen beeinflussen.
Als Voraussetzung zu den vier Instrumenten, die im folgenden Kapitel dargestellt werden, haben in diesem Modell die Marktsegmentierung und die Positionierung eine besondere Bedeutung:

- Segmentierung: Folgt der Segmentierungsstrategie, nach der der Markt durch Selektion der Abnehmer abgedeckt wird (vgl. Zollondz 2003).
- Positionierung: Ein wichtiges Produktmerkmal oder eine Merkmalskombination, die differenzierend und alleinstellend gegenüber dem Wettbewerb in der Vorstellung der Zielgruppe durchgesetzt werden soll.

Die Ausformungen der beiden Handlungsfelder beeinflussen entscheidend die Marktstellung des Unternehmens. Folglich ist das Wirkungsmodell hier als Wirkungszirkel formuliert: Die Realisierungsergebnisse der Instrumente wirken wieder zurück auf die marketingpolitische und -strategische Ebene und können dort zu Modifikationen von Marketingstrategie und -politik führen, die sich wiederum auf die Segmentierung und Positionierung auswirken.

Segmentierung

Will man keine totale Marktabdeckung mit standardisierten Produkten erreichen, wie es Henry Ford I. mit seinem ersten T-Modell Anfang des 20. Jahrhunderts versucht hatte, gilt es, relevante Zielmärkte auf der Basis der Marktsegmentierung vorzustrukturieren.

Marktsegmentierung:
Aufteilung heterogener Gesamtmärkte in relativ homogene Teilmärkte bzw. Käufersegmente zum Zweck der Zielgruppenbildung (Zielmärkte).

Bei der Segmentierung handelt es sich also um eine der ersten Umsetzungsaufgaben eines Marketingkonzeptes. Dabei ist darauf zu achten, dass die Segmente ausreichend groß und messbar und die Zielgruppen für das Unternehmen auch erreichbar sind.

Die Unterteilung in Teilmärkte, von denen anzunehmen ist, dass sie auf das Markthandeln der Anbieter einheitlich (gleichförmig) reagieren, setzt eine interne Homogenität des Marktsegments voraus. Gleichzeitig haben sich die Segmente untereinander klar zu unterscheiden (externe Heterogenität). Kriterien zur Identifizierung von Marktsegmenten werden der Konsumentenforschung entnommen.
Marktsegmentierung hat eine Nutzen- und eine Kostenseite. Durch die differenzierte Berücksichtigung der Kundenbedürfnisse wird höhere Kundenzufriedenheit und -loyalität erreicht. Durch die Konzentration auf ganz bestimmte Kundensegmente werden gezielt nur diejenigen Kunden angesprochen, deren Präferenzstrukturen eine positive Reaktion auf das Angebot erkennen lassen, was zur Einsparung von Marketingausgaben führt.

Marktsegmentierung setzt nicht beim Produkt an, sondern beim Nachfrager und seinem Verhalten als Konsument. Sofern der Kunde oder die Kundengruppe bereits existiert, ist zu entscheiden, welchem Segment er zuzuordnen ist. Diese Einordnung des Kunden in ein passendes Segment ist oft nicht ganz leicht.
Das heutige Customer Relationship Management (CRM) verlangt kompakte und gut separierte Gruppen, die zielgruppenspezifisch maßgeschneiderte Bearbeitungsstrategien erfahren. „Target Marketing“ meint dasselbe und will Streuverluste vermeiden.
Letztendlich mündet ein solches Vorgehen im sog. „One-to-One-Marketing“, wie es im modernen Online-Marketing praktiziert wird (Zingale/Arndt 2002). Solch feine Segmentierungen sind aber nur dann erfolgreich, wenn innerhalb der gebildeten Segmente ein ausreichendes Maß an homogenen Verhaltens-, also letztendlich Kaufreaktionen zu erwarten ist.

Die Klassifikation von Segmentierungskriterien erfolgt nach generellen (produktunabhängigen) und produktspezifischen

Merkmalen. Sofern diese direkt beobachtbar und messbar sind, sind sie meistens in Kundendatenbanken abrufbar. Es handelt sich um relativ „harte“ Daten. Die sog. „weichen“ Daten sind indirekte, abgeleitete Daten, die schwer oder gar nicht messbar sind. In der Abbildung werden sowohl die direkten (harten) als auch die indirekten (weichen) Segmentierungskriterien im Verhältnis zu allgemeinen und produktspezifischen Kundenmerkmalen dargestellt.

Messung der Merkmale	**Kundenmerkmale**	
	Generelle (produkt-/situationsunabhängig)	**Produktspezifische (produkt- und/oder situationsbezogen)**
Direkt beobachtbar bzw. messbar	◆ Geografische Merkmale (Wohnortgröße, Region, Stadt/Land) ◆ Demografische Merkmale (Alter, Geschlecht, Familienstand, Haushaltsgröße usw.) ◆ Sozio-ökonomische Merkmale (Einkommen, Beruf, Bildung)	◆ Verwendungshäufigkeit ◆ Kaufvolumen ◆ Marken-, Lieferantentreue ◆ Innovationsneigung ◆ Verwendungssituation
Nur indirekt (abgeleitet) messbar	◆ Persönlichkeitsmerkmale (Risikoneigung, akzeptierte Werte, Entscheidungstyp) ◆ Lifestyle (activities, interests, opinions)	◆ Kaufmotive/Kauferwartungen ◆ Einstellungen ◆ Wahrgenommene Nutzenstiftung ◆ Kaufabsichten ◆ Präferenzen ◆ Elastizität

Segmentierungskriterien (vgl. Reutterer 2002, S. 277)

Diese Übersicht zeigt den blinden Fleck jeglicher Segmentierung: Während die direkt messbaren Segmentierungsmerkmale „harte“ Daten erzeugen, ist das bei den indirekt messbaren „weichen“ Merkmalen nur in begrenztem Maße möglich, unabhängig davon, ob sie generalisiert oder spezifisch sind. Man benötigt jedoch zur Ableitung profitabler Strategien beide Arten von Daten, womit die Grenzen der Segmentierung aufgezeigt sind:

> Wer seine Segmentierungsstrategie nur auf die in seinem Data Warehouse gespeicherten harten Daten stützt, muss evtl. schwere Defizite bei der Aussagekraft und in der Analyse in Kauf nehmen.

Da jedes marktorientiert ausgerichtete Unternehmen vor der Aufgabe steht, für das jeweilige Geschäftsfeld – bezogen auf die Zielkunden – Nutzenangebote bzw. Nutzenversprechen zu formulieren, gilt es, nicht nur Kundenprofile zu erstellen, sondern die Kundenerfahrungen zu kennen. Hier zeigen sich weitere Grenzen des Segmentierungskonzepts, setzt sich doch die Gesamterfahrung der Kunden nicht nur aus den Produkterfahrungen einer wie auch immer segmentierten Zielgruppe zusammen, sondern auch aus den Interaktionen mit dem Unternehmen und den Multiplikatoren. Dieser Aspekt wird im Relationship Marketing aufgegriffen.

Positionierung

> „Annahmen über die Marke können wichtiger sein als das Produkt selbst.“ (Aaker 1992, S. 187)

Aus der Festlegung auf ein Segment folgt in der Regel die Positionierung, oft die einer Marke. Das kann auch umgekehrt Gültigkeit haben, wie Aaker mit Blick auf das Markenmanagement bemerkt: „Die Positionierung einer Marke bringt oft eine Festlegung auf ein Segment mit sich: die offene Entscheidung, große Teile des Marktes zu ignorieren und sich ausschließlich auf jene Segmente zu konzentrieren, die sich für die Assoziationen der Marke interessieren. Solch ein Verhalten erfordert Engagement und Disziplin, weil es nicht leicht fällt, potenziellen Kunden den Rücken zu kehren. Aber durch die Schaffung einer klar umrissenen, sinnvollen Position kann man sich ganz auf Zielgruppen ausrichten, ohne sich durch die Reaktion anderer Segmente beeindrucken zu lassen.“ (Aaker 1992, S. 194)

Jedes Unternehmen muss sich konkret die Fragen stellen: Was ist unser Geschäft? Wo wollen wir zukünftig konkurrieren? Wo sind relevante Marktchancen? Positionierung betrifft also nicht nur das Produkt, sondern zieht weitere Kreise.

Positionierung:

Aktive Planung, Gestaltung und Kontrolle der Außenwahrnehmung von Produkten, Geschäftsfeldern oder Unternehmen auf der Basis des Marketing-Mix, der Marktsegmentierung und getroffener strategischer Entscheidungen (Marketingpolitik). Positionierung setzt voraus, dass die Wahrnehmung einer Einheit (z.B. des eigenen Produktes) im Umfeld mit anderen Einheiten (z.B. Fremdprodukten) räumlich abgebildet werden kann. Da es das Ziel der Positionierung ist, ein eigenständiges Profil bei der Zielgruppe („in deren Köpfen“) durchzusetzen, genügt es nicht, bei der Analyse (Ist-Position) stehen zu bleiben, sondern es ist erforderlich, eine Soll-Position durchzusetzen (= Repositionierung bei bestehenden Produkten).

Positionierung fragt: Wie lässt sich das, was wir können und wollen, in den Köpfen der Zielgruppe verankern? Die Frage ist äußerst kritisch und zielt im Zusammenhang mit der Segmentierung auf die Marktstellung. Konzepte wie Repositionierung und Neupositionierung zählen ebenso dazu wie die Ausrichtung der Organisation an der Sichtweise der Kunden (Konzipierung marktorientierter Prozesse). Positionierung ist folglich ein Schlüsselkonzept des Marketings mit Auswirkungen.

Konzentrieren wir uns nun auf die Produktpositionierung, so verbirgt sich hinter dem Positionskonzept die Vorstellung, dass die Wahrnehmung eines Produktes im Umfeld mit anderen Produkten räumlich abgebildet werden kann. Hier bedient man sich aus Vereinfachungsgründen oft zweidimensionaler Eigenschaftsräume.

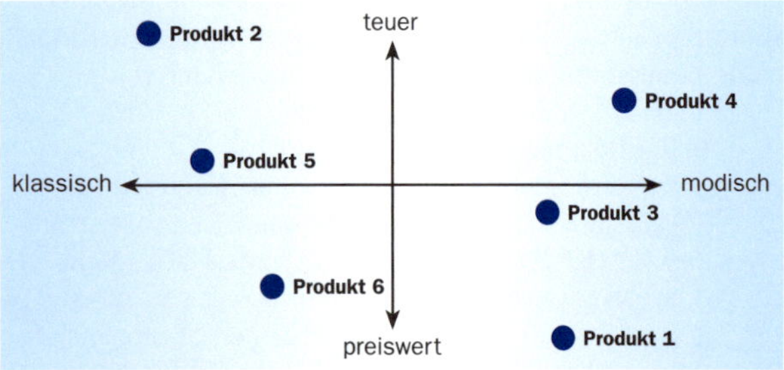

Positionierung im zweidimensionalen Eigenschaftsraum

Es sind natürlich auch mehrdimensionale Eigenschaftsräume möglich und simulierbar. So ist es denkbar, dass ein Produkt zwar das für den Kunden modisch und preislich interessanteste ist, jedoch z.B. hinsichtlich der Qualität und Umtauschmöglichkeit aufgrund deutlich weniger Filialen im Nachteil ist. Relevante Kriterien aus Kundensicht sind beispielsweise:

- Preis
- Qualität
- Aussehen, Beschaffenheit
- Schnelligkeit des Personals
- Freundlichkeit des Personals
- Anzahl der Filialen
- Umtauschmöglichkeit

Um ein Produkt nun in einem Eigenschaftsraum zu positionieren, wird ein Merkmalsraum nach Hauptkriterien gebildet (im zweidimensionalen Beispiel „teuer/preiswert“ und „klassisch/modisch“). Anhand von empirischen Erhebungen und Sekundärauswertungen werden die Produkte dann hier entsprechend platziert. Im zweiten Schritt würde nun die Formulierung eines Ziel-Positionierungs-Modells erfolgen. Hier bestehen drei Möglichkeiten:

- Status-quo-Erhalt: Das Produkt befindet sich bereits im Markt und eine Umpositionierung wird nicht angestrebt.
- Alleinstellungs-Strategie: Mit dem Produkt wird eine Unique Selling Proposition (USP) angestrebt, um das Produkt aus Kundensicht einzigartig und unverwechselbar erscheinen zu lassen.
- Imitations-Strategie: Bei dieser auch Me-too-Strategie genannten Vorgehensweise verzichtet das Unternehmen auf einen Alleinstellungsanspruch und bringt „Kopien" auf den Markt.

Die Wahrnehmung der Kunden bleibt nicht konstant. Im Zeitablauf und unter dem Einfluss eigener und fremder Aktivitäten (Wettbewerber) verändert sich die sog. Wettbewerbs-Image-Struktur (WIS).
Die Entscheidung für eine Me-too-Strategie kann durchaus sinnvoll sein, z.B. dann, wenn man nicht sicher ist, ob sich ein Produkt am Markt etablieren kann, oder dann, wenn die finanzielle Stärke des eigenen Unternehmens nicht ausreicht. Wie zahlreiche Beispiele zeigen (z.B. im Computerbereich oder in der Elektroindustrie), ist der Erste am Markt nicht unbedingt der zukünftige Marktführer.
Es ist heute schwierig, eine USP aufzubauen und zu halten. Die Wettbewerber reagieren schnell und auch für den Kunden sind – was diese Fragen betrifft – die Wettbewerbsprozesse relativ transparent. Dennoch wird versucht, über Positionierung durch Qualität und Markenbildung USPs aufzubauen. Die Durchsetzung der beabsichtigten Positionierung innerhalb des Marketing-Mix erfolgt auf der Basis der Kommunikationspolitik.
Die Struktur zeigt folgende Abbildung, aus der hervorgeht, dass die Durchsetzung der beabsichtigten Positionierung durch Qualität innerhalb des Marketing-Mix auf der Basis der Kommunikationspolitik erfolgt.

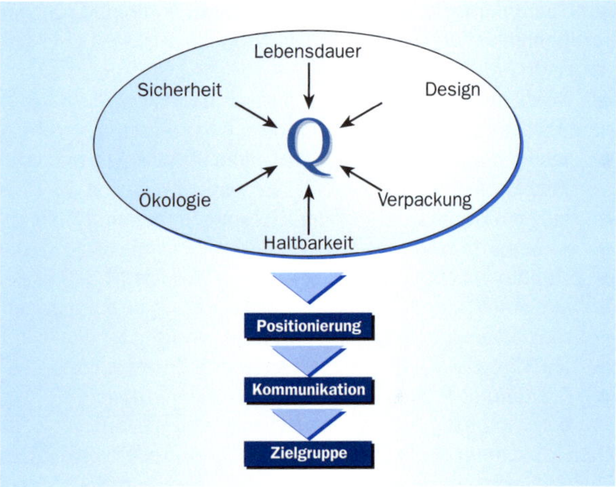

Positionierung durch Qualität (vgl. Roth 2001, S. 708)

Positionierung wird nicht „aus dem Handgelenk heraus" erledigt, sondern bedarf der Ableitung und Abstimmung mit den Marketingzielen, der Marketingpolitik und der Marketingstrategie. Die Werbestrategie innerhalb der Kommunikationspolitik legt die Werbeziele auf der Basis der Positionierungsstrategie fest. Eine erfolgreiche Positionierung hängt folglich ganz wesentlich von der gelingenden Kommunikation ab. Oft ist jedoch zu beobachten, dass diese nicht gelingt: Kommunikation und Positionierung verschiedener Anbieter sind austauschbar. Zudem werden nach Kotler (vgl. Kotler/Bliemel 2001, S. 249) Positionierungsfehler gemacht:

- Unklare Positionierung: Widersprüchliche Produktinformationen.
- Zweifelhafte Positionierung: Produktvorteile gegenüber der Konkurrenz erscheinen unglaubwürdig.
- Überpositionierung: Der Konsument sieht sich nicht mehr als Teil der Zielgruppe.

- Unterpositionierung: Zu wenig Klarheit für den Konsumenten.

Aus solchen Fehlern lässt sich lernen, wie die „Muss-Kriterien“ erfolgversprechender Positionierung zeigen:
- Die Positionierung muss zum Image und der Strategie des markenführenden Unternehmens passen,
- zur Selbstwahrnehmung der Zielkunden passen,
- (was die hinzugezogenen Eigenschaften betrifft) für die Zielkunden relevant sein,
- sich auf wenige wesentliche Eigenschaften beschränken,
- von den Zielkunden wahrgenommen werden,
- zur Abgrenzung von Wettbewerbsmarken beitragen,
- Kontinuität aufweisen, also längerfristig wirken.

Das Bild muss realistisch eingeschätzt werden, wenn man Dienstleistungen betrachtet, die sich aufgrund ihrer besonderen Merkmalsstruktur zum Herausstellen von Positionierungsmerkmalen gut eignen, bei denen aber auch leicht Positionierungsfehler gemacht werden können („Der Kunde produziert mit!“). Auch wenn man heute das Positionierungsmodell als ausgereiften Ansatz im Marketing bezeichnen kann, so ist seine Vergangenheitsorientierung doch als seine größte Schwäche unverkennbar. Wir sind bei seinem Einsatz nicht in der Lage, zukünftige, latente Kundenbedürfnisse und -vorstellungen zu berücksichtigen. Hier ist ein Hinweis auf die Ergänzung durch das Innovationsmanagement angebracht, mithilfe dessen genau diese Schwächen kompensiert werden.

1.3 Auf dem Weg zum umfassenden Marketingverständnis

Das in Kapitel 1.2 dargestellte Modell beruht auf einem instrumentellen Verständnis des Marketingprozesses, wie es in der

Praxis oft anzutreffen ist. Mit dem Einsatz der Marketinginstrumente wird auf eine Veränderung von Marktreaktionen gezielt. Um eine effiziente Verwendung des Marketingbudgets zu gewährleisten, ist es erforderlich, die Wirkung des Instrumentaleinsatzes im Voraus abzuschätzen. In größeren Unternehmen leistet das die eigene oder fremdvergebene Marktforschung, in kleineren Unternehmen sind die Entscheidungen auf Erfahrungwerte und/oder Intuition gestützt. Bevor das Budget zum Einsatz kommt, will man z.B. wissen,

- ob die Produkte oder Produktveränderungen akzeptiert werden (Produktpolitik);
- wie die Kunden auf Preisänderungen bei eigenen oder Konkurrenzprodukten reagieren (Preispolitik);
- wie Händler einen beabsichtigten Eigenvertrieb einschätzen werden (Distributionspolitik);
- wie auf neue Werbemittel reagiert wird (Kommunikationspolitik).

Eine solche, auf die Instrumentalbereiche abgestellte Fragerichtung wird jedoch nicht allen Marketingproblemen gerecht. Kritiker wie z.B. Gummesson (1997) und Bruhn (2001) geben zu bedenken, dass die in der Mixperspektive zum Ausdruck kommende „Inside-out-Perspektive“ durch eine „Outside-in-Perspektive“ zu ergänzen ist. In einem zweiten Schritt wären diese beiden Perspektiven zu kombinieren.
Beide Perspektiven werden jedoch heute weitgehend getrennt verfolgt. Oft ist überhaupt nicht erkennbar, dass es sich bei der Outside-in-Perspektive überhaupt um eine genuine Marketingproblemstellung handelt. Aufgrund einer solchen Zuordnung zu Managementthemen ist es leicht, beim klassischen Marketing-Mix zu verbleiben und eine Perspektivenausweitung nicht vorzunehmen.

Vertreter des Beziehungsmarketings (Outside-in-Perspektive) gehen nun davon aus, dass das bisherige durch den Marketing-Mix betonte Transaktionsmarketing durch den Einsatz weiterer Instrumente um ein Relationship-Marketing zu ergänzen ist. Diese Entwicklung ist insbesondere durch das Dienstleistungsmarketing stark gefördert worden.

Vertreter des klassischen Marketings äußern sich vorsichtig zum „Durchbruch“ dieses Paradigmenwechsels: „Es bleibt abzuwarten, ob sich diese Sichtweise durchsetzt und damit einem Paradigmenwechsel im Marketing zum Durchbruch verholfen wird. Bereits heute ist abzusehen, dass eine stärkere Fokussierung auf Fragestellungen des Beziehungsmarketings zu einer Neustrukturierung der Marketinginstrumente führt.“ (Kuß 2002, S. 33)
Die Praxis spricht jedoch schon seit mehreren Jahren eine andere Sprache, was sich in der Zentrierung auf die Kundenperspektive ausdrückt. Und auch die programmatisch zu wertenden Basisarbeiten von M. Bruhn (2001) weisen den Weg für ein neues Marketing-Paradigma und damit eine Umgestaltung des Marketing-Mix.

Die folgende Abbildung zeigt uns zunächst im oberen Teil die Instrumentalbereiche des Transaktionsmarketings, wie sie bereits genannt wurden (4 Ps). In Ergänzung dazu geht es um weitere 3 Ps, insgesamt also 7 Ps, wie sie u.a. von W. Pompl (2001) eingeführt wurden:

- „Personnel“ (Personalpolitik): Damit ist sowohl das eine Dienstleistung erstellende Personal als auch die betroffene aktiv handelnde Person gemeint (z.B. Zahnarzt/Patient).
- „Process“ (Prozesspolitik): Damit ist der Herstellungsprozess, also die Dienstleistungsproduktion gemeint (z.B. Patientenbeteiligung bei der Behandlung).
- „Physical Facilities“ (Ausstattungspolitik): Damit sind das Erscheinungsbild des Produktionsortes, des Dienstleistungspersonals und die zur Erstellung notwendigen materiellen Hilfsmittel gemeint (z.B. Ambiente, Arbeitsmittel).

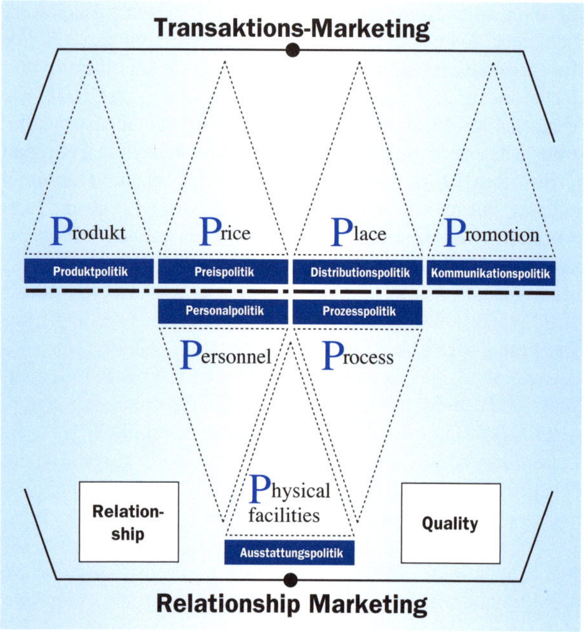

Umfassendes Marketingmodell

An diesen neuen Instrumentalbereichen ist die Outside-in-Perspektive unverkennbar. Unübersehbar ist auch, dass wir hiermit einen „Blick ins andere Lager" getan haben. Marketing muss sich auf andauernde Interdisziplinarität einstellen, sei es in der Praxis, sei es in der Wissenschaft. Das traditionelle Marketing gab bisher dem Wettbewerb Vorrang, es kommt aber auch darauf an, die Beziehungen in die Analyse miteinzubeziehen.

Mit dieser Thematisierung haben wir gleichzeitig den Schritt zur Qualität und zum modernen Qualitätsmanagement (QM) vollzogen. Wie die Abbildung zeigt, sind die übergeordneten

Leitkonzepte „Relationship" und „Quality". Beide Ansätze haben einen gemeinsamen Bezugspunkt, den „Kunden".
Es ergibt also Sinn, nicht nur von Beziehungsmarketing oder Relationship Marketing zu sprechen, sondern von CR-Marketing, also Customer Relationship Marketing, einem Marketingansatz, der zusammen mit dem Transaktionsmarketing ein „Umfassendes Marketing" darstellt. Wir werden später noch hierauf zurückkommen (s.a. Pocket Business Grundlagen Marketing, Kapitel 3). Erst einmal geht es hier um die Instrumentalbereiche des klassischen Marketings.
Beim hier im Kapitel 4 erläuterten Ansatz des Internetmarketings erweitert sich die Perspektive um die folgenden zwei Mixbereiche: Prozess und Präsentation.

Auf den Punkt gebracht:

- Im Marketing zeichnet sich zur Zeit ein Paradigmenwechsel ab, der auch die operative Ebene des Marketing-Mix erfasst hat. Experten sprechen von der Wende zum CR-Marketing oder von der Ergänzung durch die „Outside-in-Perspektive“.
- Inhaltlich geht es beim Marketing-Mix um die Kombination und Koordination der Marketinginstrumente, die eine Organisation zur Erreichung ihrer Marketingziele auf dem Zielmarkt einsetzt.
- Marketinginstrumente sind Maßnahmenbündel oder konkrete Einzelmaßnahmen zur Erreichung der Marketingziele.
- Die Wirkungen der Marketinginstrumente setzen die Erledigung von Segmentierungs- und Positionierungsaufgaben durch den Marketer voraus.
- Unter Segmentierung versteht man die Aufteilung heterogener Gesamtmärkte in relativ homogene Teilmärkte bzw. Käufersegmente zum Zweck der Zielgruppenbildung (Zielmärkte).
- Das Ziel der Positionierung ist es, ein eigenständiges Profil bei der Zielgruppe durchzusetzen. Die zentrale Frage lautet: Wie lässt sich das, was wir können und wollen, in den Köpfen der Zielgruppe verankern?
- Das auf der Basis des klassischen Marketing-Mix betriebene Transaktions-Marketing erfährt zunehmend seine Erweiterung durch das Customer Relationship Marketing. Das erfordert den Einsatz weiterer Instrumente („Personnel“, „Process“, „Physical Facilities“), die im Internetmarketing (Kap. 4) noch einmal erweitert werden: Prozess und Präsentation.

2 Die Instrumentalbereiche des klassischen Marketings

„Probleme eines Berufsstandes haben dynamischen Charakter. Mancher Produktmanager wäre froh, wenn er heute vor die Probleme von gestern gestellt würde.“ (Koppelmann 1997, S. 27)

2.1 Die Kombination der Instrumente

Die Instrumentalbereiche des klassischen Marketings (Product, Price, Place, Promotion) sind bereits kurz erläutert worden. Sie sind gleichzeitig Bestandteile des umfassenden Marketing-Modells. Diese „Werkzeuge“ lassen sich wie folgt beschreiben:

- Produktpolitik (Product): Welche besonderen Produkte (Problemlösungen), die besser sind als die der Wettbewerber, sollen den Kunden geboten werden?
- Preispolitik (Price): Was sollen unsere Produkte kosten und zu welchen Bedingungen sollen sie gekauft werden können?
- Kommunikationspolitik (Promotion): Wie erfahren die Kunden, welche Produkte ihnen angeboten werden sollen?
- Distributionspolitik (Place): Auf welchen Wegen, an welchen Orten und bei wem sollen die Kunden unsere Produkte erhalten können?

Der Mixgedanke besagt nun, dass die einzelnen Instrumente oder Werkzeuge zu kombinieren, aufeinander abzustimmen und auf den Zielmarkt auszurichten sind. In der Praxis geschieht gerade dies wenig systematisierend und überlegend.

Die Instrumentalbereiche Marketing-Mix (4 Ps)

- Produktinnovation
- Produktverbesserung
- Produktdifferenzierung
- Markierung
- Namensgebung
- Serviceleistungen
- Sortimentsplanung
- Verpackung

- Preis
- Rabatte
- Boni/Skonti
- Lieferbedingungen
- Zahlungsbedingungen

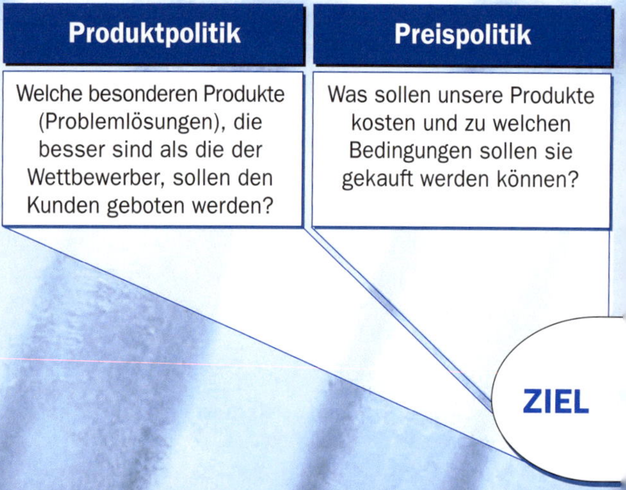

des klassischen

- Vertriebssysteme
- Verkaufsorgane
- Logistiksysteme

- Mediawerbung
- Verkaufsförderung
- Direct Marketing
- Public Relations
- Sponsoring
- Persönliche Kommunikation
- Messen/Ausstellungen
- Event Marketing
- Multimedia-Kommunikation

Distributionspolitik

Auf welchen Wegen, an welchen Orten und bei wem sollen die Kunden unsere Produkte erhalten können?

Kommunikationspolitik

Wie erfahren die Kunden, welche Produkte ihnen angeboten werden sollen?

IARKT

Für die Kombination der Werkzeuge existiert leider kein Norm-Mix, den man als Gebrauchsanweisung nutzen könnte. Durch planendes Vorgehen lässt sich jedoch das „Trial-and-Error-Handeln" etwas eingrenzen.

Für den dauerhaften Markterfolg eines hochwertigen Parfums müssen bestimmte Ausprägungen der Marketinginstrumente zusammenkommen: hohe Produktqualität, hoher Preis (= Qualitätsindikator), anspruchsvolle Werbung, luxuriöse Verpackung, Vertrieb über exklusive Fachgeschäfte. Eine einzige „nicht passende" Komponente im Mix, z.B. eine billig wirkende Verpackung oder der Vertrieb über Discountgeschäfte, würde dazu führen, dass die Akzeptanz des Produkts beim Konsumenten mit hoher Wahrscheinlichkeit deutlich geringer wäre (vgl. Kuß 2003, S. 279).

Die zweckkonforme Abstimmung der einzelnen Marketing-Handlungsfelder stellt immer wieder eine Herausforderung dar, wegen

- der Vielzahl an Kombinationsmöglichkeiten,
- der wechselseitigen Beeinflussung,
- der Ausstrahlungseffekte auf andere Maßnahmen,
- der schwer voraussehbaren Wirkungen,
- des kaum kalkulierbaren Verhaltens der Konkurrenz,
- der zeitlichen Aufeinanderfolge verschiedener Planperioden (Time-lag oder sog. Carry-over-Effekt),
- der Dynamik, die durch das Zusammenwirken aller Maßnahmen entsteht (vgl. zu diesen Punkten v.a. Becker 2001, S. 655 ff.; Kuß 2003, S. 279 f.; Ergenzinger/Thommen 2001, S. 284 f.).

Auch wenn der Marketing-Mix im operativen Bereich des Marketingmanagements verankert ist, also zur Umsetzung der Marketingkonzeption gehört, darf nicht vergessen werden, dass die einzelnen Instrumentalbereiche durchaus strategische Fragen enthalten. So darf z.B. die Frage nach der Produktqualität nicht dem operativen Bereich überlassen werden, sondern bedarf der Rückkopplung Ziel–Strategie–Operation.
Die folgende Magazinseite „Leitfragen zur Gestaltung des Marketing-Mix" lässt dies erkennen und zeigt uns anhand der

Leitfragen die Abhängigkeit von und Interaktion mit der strategischen Ebene und den Marketingzielen.

2.2 Produktpolitik

„Die Produktpolitik eines Unternehmens ist das Resultat aller Entscheidungen, die sich auf die Gestaltung bestehender und zukünftiger Produkte des Unternehmens beziehen." (Homburg/Krohmer 2003, S. 458) Produktpolitik ist das „Herz des Marketings", weil seine Ausgestaltung die übrigen Marketinginstrumente wesentlich bestimmt.

Produkt:

(1) Ein Bündel von Eigenschaften, das auf die Schaffung von Kundennutzen (jedweder Art) abzielt. Produkte können sowohl materiell als auch immateriell sein. (2) Produkte sind das Ergebnis von Prozessen. (3) Produkte, die für den äußeren Markt bestimmt sind und Kunden angeboten werden, werden Angebotsprodukte genannt.

Im Zuge der Bestimmung des Produkts wird oft von einem sog. Produktkern ausgegangen, um den herum schrittweise weitere Produktmerkmale hinzukommen. Nach diesem Ansatz gibt es ein „Kernprodukt", durch den der einzigartige Grund- oder besser Kundennutzen (USP) geschaffen werden soll. Im Idealfall ist der USP mittelfristig nicht imitierbar und bietet so ein kaufverhaltenswirksames Kriterium.
Nachdem mit dem Kernprodukt der USP geschaffen ist, geht es für den Produktmanager darum, sich mit der weiteren Produktgestaltung zu befassen (Zusatznutzen). „Dabei geht es darum, den spezifischen Kundennutzen des eigentlichen Produkts durch Maßnahmen hinsichtlich der Produktbeschaffenheit, der Markenbezeichnung usw. sicherzustellen." (Bruhn 2002, S. 126)

Leitfragen zur Gestaltung des Marketing-Mix

(vgl. Homburg/Krohmer 2003, S. 432 f.)

Ausgewählte Leitfragen zur Produktpolitik

- Wie soll das Produktprogramm des Unternehmens im Hinblick auf Breite und Tiefe gestaltet sein?
- Welches Qualitätsniveau strebt das Unternehmen bei seinen Produkten an?
- Auf welche Arten von Produktinnovationen zielen die Innovationsaktivitäten des Unternehmens ab?
- Wie sollen die Marken des Unternehmens strukturiert und positioniert werden?

Ausgewählte Leitfragen zur Preispolitik

- Welche Preispositionierung soll das Unternehmen in Relation zum Wettbewerb anstreben?
- Wie stark sollen bei der Preisbildung Kosten, Wettbewerbspreise bzw. Kundennutzen gewichtet werden?
- Inwieweit und anhand welcher Kriterien soll das Unternehmen Preisdifferenzierung betreiben?
- In welchem Umfang und anhand welcher Kriterien sollen den Kunden Rabatte und Boni gewährt werden?

Übergeordnete Leitfragen zur Gestaltung des Marketing-Mix

- Inwieweit soll bei der Marktbearbeitung zwischen den einzelnen Kundensegmenten differenziert werden?
- Wie soll die Produkt-Preis-Positionierung des Unternehmens gestaltet sein?
- Wie groß soll das Marketingbudget sein und wie soll es auf die verschiedenen Marketinginstrumente verteilt werden?
- Welche Interaktionseffekte zwischen verschiedenen Marketinginstrumenten bzw. zwischen den verschiedenen Produkten müssen berücksichtigt werden?

Ausgewählte Leitfragen zur Kommunikationspolitik

- Welche Kommunikationsziele und Zielgruppen sollen im Mittelpunkt der Kommunikation stehen?
- Wie groß soll das Kommunikationsbudget sein und wie soll es auf die einzelnen Kommunikationsinstrumente verteilt werden?
- Welche Kommunikationsbotschaften sollen besonders betont werden?
- Wie soll der Erfolg der Kommunikation kontrolliert werden?

Ausgewählte Leitfragen zur Distributionspolitik

- Sollen die Produkte direkt oder indirekt vertrieben werden?
- Soll lediglich ein Vertriebsweg oder mehrere Vertriebswege genutzt werden?
- Wie sollen die verschiedenen Vertriebswege voneinander abgegrenzt werden?
- Nach welchen Kriterien sollen die Vertriebspartner ausgewählt werden?
- Wie sollen die Funktionen zwischen dem Unternehmen und seinen Vertriebspartnern verteilt werden?

Die Ausgestaltung des Zusatznutzens dient angesichts der Austauschbarkeit vieler (den Grundnutzen ausdrückender) „Kernprodukte" und des Fehlens eines USP sehr oft der Differenzierung am Markt. Maßnahmen der Lieferleistungs- und Kundendienstpolitik einschließlich Garantien zählen zu denjenigen Maßnahmen, die keine Muss-, sondern oft Kann-Leistungsmerkmale darstellen. Sie können sich allerdings im Zeitverlauf wandeln und zu Muss-Kriterien werden (vgl. Zollondz 2003).

Die Produktkategorien der ISO 9000:2000-12 ordnen die Vielfalt der Produkte:

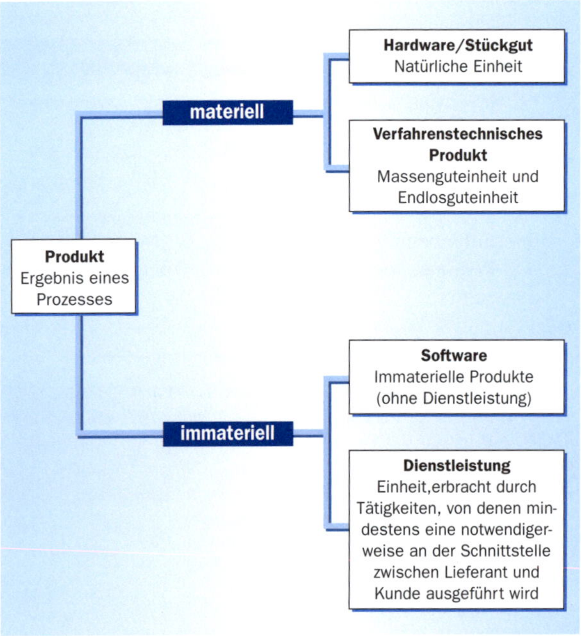

Produktkategorien nach ISO 9000:2000-12

Typische Beispiele materieller Produkte sind Brot oder Milch, Kühlschränke oder Toaster. Dienstleistungen – immaterielle Produkte – sind beispielsweise ein Konzert, ein Haarschnitt oder eine Massage.

Daneben gibt es aber auch noch weitere vermarktbare Objekte, die wir damit in einem weiteren Sinne ebenfalls als Produkte definieren (vgl. Rumler 2002, S. 161):

- Zunächst kann man manche Personen auch als Produkt betrachten, denken Sie an Boris Becker, Madonna, Lou Reed, Randy Newman. Diese Personen können wir zwar nicht im engeren Sinne „kaufen“, aber sie erfüllen Wünsche und Bedürfnisse vieler Menschen, die z.B. ihre Konzerte besuchen oder die über die Medien so viel wie möglich über diese „Stars“ erfahren wollen.
- Auch Organisationen wie Greenpeace, das Rote Kreuz, der FC Bayern München oder die Metropolitan Opera werden vermarktet und sind damit Produkte.
- Orte und Regionen wie Berlin, Weimar oder der Schwarzwald sind ebenfalls als Produkte anzusehen, denn der Besuch oder die Aufnahme von Informationen über diese Orte erfüllt ebenfalls Bedürfnisse und Wünsche; diese Orte und Regionen werden mit Hilfe von Marketingmethoden vermarktet.
- Schließlich können auch Ideen als Produkte vermarktet werden, denken Sie beispielsweise an Nichtraucherkampagnen.

Zu den drei Merkmalen, die insbesondere Dienstleistungsprodukte charakterisieren, zählen:

- Immaterialität: Dienstleistungen lassen sich nicht sehen, hören, fühlen, riechen oder schmecken. Vor allem die Unsichtbarkeit des Produkts wirkt sich aus, der Kunde kann nicht sehen, was er kauft. Dienstleistungen werden in der Regel als risikoreicher empfunden als Sachgüter, ihr Leistungsversprechen ist schwerer evaluierbar, auch wenn sie mit Sachleistungen kombiniert sind (z.B. Essen im Restaurant).

- „Uno-actu-Prinzip“: Dieses hebt die Synchronizität von Dienstleistungen hervor.

Wer dem Konzert des Pianisten und Sängers Randy Newman beiwohnt, konsumiert in dem Moment die künstlerische Leistung, in dem sie produziert wird.

- Integration des externen Faktors: Dienstleistungen werden an der Schnittstelle zwischen Kunden und Lieferanten unter Beteiligung des Kunden (= externer Faktor) erbracht. Die Integration des externen Faktors ist nicht immer absolut gegeben, sondern kann sich auch zeitweise ereignen, z.B. beim Maßnehmen für die Fertigung eines Maßanzugs; bei Weiterbildungsseminaren hingegen ist der Kunde (Seminarteilnehmer) stärker involviert. Je intensiver der Kunde integriert ist, umso schwieriger lassen sich die Dienstleistungsprozesse gestalten.

Wenn Produkte mit einem besonderen Produktnamen, dem Firmennamen oder einem sonstigen Erkennungszeichen (Symbol) gekennzeichnet werden, spricht man von Markierung. Es entsteht eine Marke, die sich von anonymer Ware unterscheidet. Die darauf bezogene Produktpolitik nennt sich dann Markenpolitik.

Produktpolitik:

Ergebnis aller Entscheidungen, die sich auf die Gestaltung bestehender und zukünftiger Produkte des Unternehmens beziehen. Im instrumentellen Rahmen des Marketings sind diese Entscheidungen von herausragender Bedeutung.

Ein bereits bestehendes Unternehmen hat verschiedene produktpolitische Entscheidungsfelder:

- Innovationsmanagement: Kern des Innovationsmanagements ist die Entwicklung von Produktinnovationen. Der Innovationsprozess vollzieht sich von der Ideengewinnung bis hin zur Markteinführung.

- Management etablierter Produkte: Die Unternehmen müssen ihre Produkte bzw. Produktprogramme an veränderte Kundenbedürfnisse oder neue Wettbewerbsangebote anpassen. Dazu zählen Produktvariation, -differenzierung, -diversifikation und -elimination.
- Markenmanagement: Steigende Produkt- und Markenvielfalt im Markt, zunehmende Kommunikationsflut und steigende Kosten der Markenführung verlangen die Notwendigkeit eines professionellen Markenmanagements, das einen wichtigen Beitrag zum Unternehmenserfolg leistet.

In allen drei Entscheidungsfeldern spielt der Produktlebenszyklus eine bedeutende Rolle. Auch Produkte haben eine Art „natürliche“ Lebensdauer, nach Ablauf des Zyklus wird das Produkt im Markt nicht mehr nachgefragt.
Im Verlauf des Zyklus geht es darum, den Umsatz bzw. den Absatz zu analysieren, folglich kann die eingezeichnete Kurve als „Umsatzkurve“ oder auch als „Gewinn-und-Verlust-Kurve“ errechnet werden. Das hier abgebildete Modell besteht idealtypisch aus vier Phasen: Einführung, Wachstum, Reife/Sättigung, Rückgang.

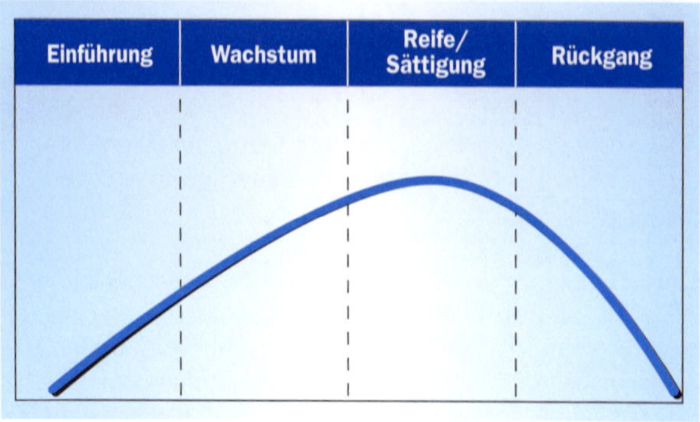

Produktlebenszyklus

Diese Phasen lassen sich so annäherungsweise in der Realität beobachten. Allerdings lässt sich genauso gut nachweisen, dass manche Produkte die Einführungsphase nicht überleben. Für eine Reihe von Produkten scheint es wiederum gar keine Vermarktbarkeitsgrenze zu geben, denken Sie z.B. an die schon alten Marken Nivea oder Maggi. Hier ist angesichts der hohen Umsätze nicht abzusehen, ob sie jemals schrumpfen werden.

Trotz dieser Einschränkungen und Variationen empfiehlt es sich, am Modell des Lebenszyklus festzuhalten, lassen sich doch auf den Verlauf die Marketingaktivitäten beziehen (Marketing-Mix):

Indikatoren	Einführung	Wachstum	Reife/Sättigung	Rückgang
Zielsetzung	◆ Wachstum ◆ Sicherheitsziele	◆ Wachstum ◆ Marktanteilsziele	◆ Rentabilität ◆ Sicherung/Stabilisierung/Konsolidierung	
Ausrichtung der Strategie	◆ Markteintritt ◆ Markterschließung ◆ Aufbau von Markteintrittsbarrieren	◆ Markteintritt ◆ Wettbewebsvorteile ◆ Marktdurchdringung	◆ Wettbewerbsvorteile ◆ Marktbehauptung ◆ Standardisierung ◆ Rationalisierung	◆ neue Wettbewerbsvorteile ◆ Marktbehauptung ◆ evtl. Marktaustritt ◆ Rationalisierung
Marketing-Investitionen	◆ sehr hoch	◆ hoch, aber fallend	◆ weiter fallend	◆ gering
Marketing-Instrument-Strategien				
Produktpolitik	◆ Standardisierung ◆ wenige Produktvarianten ◆ Produktverbesserungen	◆ Markenprofilierung ◆ Steigerung des Produktnutzens	◆ Ausnutzung von Synergien	
Preispolitik	◆ Skimming- oder Penetrations-Pricing	◆ wettbewerbsorientiert ◆ Orientierung am Massenmarkt	◆ defensiv	
Kommunikationspolitik	◆ Information und Überzeugung ◆ persönlicher Verkauf	◆ Markenwerbung	◆ Starke Corporate Identity ◆ Emotionalisierung ◆ persönlicher Verkauf	
Distributionspolitik	◆ Aufbau von Distributionssystemen ◆ Kooperationen mit dem Handel	◆ intensive Distribution	◆ Kooperationen mit dem Handel oder Umgehungsstrategie	

Produktlebenszyklus und Marketing-Mix (vgl. Corsten 1998, S. 74)

Das Modell liefert uns also Hinweise – wie immer ist hier natürlich der Einzelfall entscheidend – für mögliche Aktivitäten und illustriert, welche Mixbereiche in welcher Phase bevorzugt zum Zuge kommen können.

Die produktpolitischen Instrumente

Von der Vielzahl an produktpolitischen Instrumenten sollen die Folgenden kurz beschrieben werden:

Produktinnovation

Mit diesem Instrument werden völlig neuartige Produkte ins Leben gerufen. Gemeint sind Produkte, die vom Unternehmen auf den Markt gebracht werden und von denen man sich völlig neue Perspektiven erwartet. Produktinnovationen sind die Stütze für die Konkurrenzfähigkeit schlechthin.
Aufgrund der engen Verzahnung zu anderen Funktionsbereichen des Unternehmens handelt es sich für das Marketing um ein sensibles Handlungsfeld. Selten ist es möglich, umstandslos technisch-ingenieurwissenschaftliches Denken mit der Marketingsichtweise zu verbinden. Die Perspektive des Marketings wird durch den Produktmanager vertreten.

Produktverbesserung

Bestehende Produkte werden ständig verbessert. Unternehmen greifen hier insbesondere auf die Tools des Qualitätsmanagements zurück. Man spricht auch von KVP, dem Kontinuierlichen Verbesserungsprozess (jap. Kaizen).
Verbesserungen bauen auf Bestehendem auf und werden in anderen Funktionsbereichen durchgeführt. Durch die Kompetenz und Persönlichkeit des Produktmanagers ist es möglich, die Kundenforderungen entsprechend durchzusetzen.

Produktdifferenzierung

Mit diesem Instrument werden Produktvarianten, also Ergänzungen zur bestehenden Produktpalette, vorgenommen.

Es werden keine grundlegenden Veränderungen geschaffen, die Basisfunktionen der Produkte bleiben erhalten. Verändert werden Eigenschaften des Produkts. Diese Veränderungen können sich auch auf den Zusatznutzen oder das Design, vielleicht nur auf die Verpackung beziehen.
Durch Produktdifferenzierung ergeben sich keine quantitativen Veränderungen.

IBM verändert die Performance eines Prozessors; ein Reiseveranstalter führt einen Zubringerservice zum Flughafen ein.

Mit Produktdifferenzierungen soll sowohl die Lebensdauer der Produkte erhöht als auch auf Kundenforderungen flexibel reagiert werden. Schließlich geht es darum, die Marktpotenziale vollständig auszuschöpfen.

Markierung/Marke

Markierte Leistungen stellen unterscheidungskräftige Zeichen dar, die das Produkt kennzeichnen. Sie sind als Voraussetzungen für die Markenbildung zu verstehen. Solche Markierungen kennzeichnen Produkte durch Wort, Bild, Farbe usw. Sie sind notwendig zur Re-Identifikation von Produkten.
Marken stellen durch ihre dauerhafte werthaltige, nutzenstiftende Wirkung ein Qualitätsversprechen dar.
Dieses Instrument der Produktpolitik wird hier anschließend ausführlicher behandelt.

Namensgebung

Dieses Instrument wird oft vernachlässigt und „nebenbei" erledigt. Der Name des Produkts ist jedoch von ausschlaggebender Bedeutung. Er kann oft sogar strategische Bedeutung erhalten, insbesondere dann, wenn es sich um Hauptprodukte, Produktlinien oder den Namen der Organisation handelt.
Markennamen erzeugen Sprach- und Gefühlswelten und darüber hinaus Vertrauen.

> Deshalb sollten sie prägnant, assoziationsstark und einfach sein – also im besten Sinne merkfähig bzw. denkwürdig.

Der Name stellt gewissermaßen das Kernsignal der Marke dar. Er ist die Grundlage für die Kommunikationspolitik. Schon seine Lebensdauer rechtfertig eine intensive Beschäftigung. Ein Produktname sollte in Brainstormingprozessen, und zwar nicht nur von Insidern, ermittelt werden. Methodisch geht es oft um die Assoziationsmethode, mit deren Hilfe Alternativen gesucht werden.

Serviceleistungen

Mit dem Instrument Serviceleistungen soll die Kernleistung des Produkts gesteigert werden. Hierzu zählen insbesondere die Subinstrumente Garantieleistungspolitik, Lieferleistungspolitik und Kundendienstpolitik.
In letzter Zeit hat sich das Konzept des „Value added Service" durchgesetzt. Dabei handelt es sich um Leistungen, die über den Rahmen der genannten Serviceleistungen hinausgehen. Mit ihnen profiliert sich das Unternehmen gegenüber dem Wettbewerb.
Zunehmend wird die Bedeutung des After-Sales-Marketing erkannt, ein Bereich der bereits zum CR-Marketing zu zählen ist und über den klassischen Service hinausgeht, z.B. im Bereich des Beschwerdemanagements.

Sortimentsplanung

Das Instrument Sortimentsplanung befasst sich mit der Gesamtheit aller Produkte, die ein Unternehmen anbietet. Sowohl die Breite des Sortiments als auch die Sortimentstiefe müssen aufgrund von strategischen Entscheidungen getroffen werden, weshalb es gerechtfertigt erscheint, von Sortimentspolitik zu sprechen.
Unter Sortimentsbreite versteht man die Anzahl der Warengruppen, die Sortimentstiefe spiegelt die Artikelvielfalt in einer Warengruppe wider. Was in ein Sortiment genommen werden kann und was nicht, hängt nicht zuletzt von den Marketingzielen und der strategischen Ausrichtung ab. Zu beobachten ist, dass die Sortimente vieler Unternehmen immer

umfangreicher werden. Gleichzeitig ist zu erkennen, dass bei eher geringen Absatzzahlen laufend sog. Sortimentsbereinigungen durchgeführt werden.
Wenn Skaleneffekte (Economies of Scale), die die Stückkosten sinken lassen, nicht realisiert werden können, steigen die Kosten. Insbesondere, wenn immer kleinere Zielgruppen anvisiert werden, besteht diese Gefahr.

> Je größer und differenzierter die Sortimente eines Unternehmens sind, desto wichtiger ist ein spezielles, strategisch ausgerichtetes Sortimentsmanagement.

Mit ihm lässt sich ein Sortimentscontrolling durchführen. Für große Handelsunternehmen, aber auch für sehr innovative Unternehmen ist dies bereits eine Selbstverständlichkeit.

Verpackung

Hierunter versteht man die Umhüllung des Produktes. Es versteht sich, dass es nicht nur um Schutz und Sicherung der Produkte geht, sondern auch darum, ob die Verpackung ökologischen Forderungen genügt (Recycling).
Aus Sicht des Marketings ist die Verpackung ein Informationsträger. Die dort angebrachten Informationen können für den Gebrauch und teilweise sogar für den Verkauf funktional sein. Bei Produkten im Selbstbedienungsbereich ist dies der Fall.
Wenn die Gestaltung, das Design, einer Verpackung von Bedeutung ist (z.B. im Kosmetikbereich), so ist hier unbedingt das Marketing, also der Produktmanager, zu involvieren und nicht etwa die Konstruktionsabteilung.

Die Marke

Eine ganz entscheidende Rolle für den Erfolg eines Neuproduktes spielt die Benennung oder Markierung des Produktes, denn sie ist bei entsprechender kommunikativer Unterstützung zusammen mit Produktdesign und Verpackung der sichtbare Teil der Produktpersönlichkeit bzw. des Markenkerns.

Die Marke ist das Zeichen, mit dem Waren oder Dienstleistungen eines Unternehmens gekennzeichnet werden, um sie von denen anderer Unternehmen zu unterscheiden.

Durch Eintragung ins Markenregister erhalten sie einen zehnjährigen Schutz vor Nachahmungen, der mehrmals verlängerbar ist. Inzwischen werden jedes Jahr ca. 80.000 Markennamen beim Patentamt eingetragen.

Nach dem klassischen Verständnis ist eine Marke zunächst einmal das physische Kennzeichen für die Herkunft einer Ware (Markierungsfunktion). Das markierte Produkt garantiert dem Verbraucher eine konstante Qualität (Garantiefunktion), und ermöglicht ihm, die Produkte leicht wiederzuerkennen (Signalfunktion). Dem Anbieter hilft die Marke, sich von der Konkurrenz zu unterscheiden (Differenzierungsfunktion) und schützt vor Nachahmung (Schutzfunktion).
Durch gezielte Nutzenversprechen und den Aufbau von Images lassen sich die Produkte besser in den Köpfen der Verbraucher profilieren bzw. positionieren und schaffen dadurch Markenpräferenzen, die bis zu langfristiger Markentreue/-bindung führen können (Absatzfunktion). In der Regel lassen sich mit Marken auch höhere Preise am Markt erzielen (Preisfunktion – vgl. Schnettler/Wendt II 2003).

Nach diesem klassischen Markenverständnis müssen Marken folgende Merkmale aufweisen:

- einheitliche Markierung (Markenname, Markenzeichen),
- gleichbleibende Qualität,
- gleichbleibende Quantität,
- gleichbleibende Aufmachung,
- überregionaler Vertrieb (Ubiquität= Produkt muss überall erhältlich sein),
- überregionale, intensive Werbung,
- hoher Bekanntheitsgrad,
- relative Preiskonstanz.

Vom Produkt zur Marke

Als Marke können laut § 3 Markengesetz verschieden Zeichen eingetragen werden:

- Wortzeichen (z.B. Persil, Nivea, Eon, Adidas)
- Bildzeichen (z.B. Bär von Bärenmarke, der Kranich von Lufthansa, der Apfel von Apple, die springende Raubkatze von Puma, der Stern von Mercedes)
- Wort-Bildzeichen (z.B. BAYER-Kreuz, TUI-Logo)
- Zahlzeichen (z.B. 4711; 8 x 4)
- Farbzeichen (z.B. das Grün der Dresdner Bank, das Gelb von Yello-Strom, das Rot von Eon)
- Buchstabenzeichen (z.B. AEG, BP, IBM, hp, GfK)
- Hörzeichen (z.B. Erkennungsmelodie von McDonald's oder Telekom)
- dreidimensionale Formen (z.B. die Kühlerfigur von Rolls-Royce, Michelin-Männchen, aber auch die Form einer Ware oder ihrer Verpackung wie die Coca-Cola-Flasche, Odol-Flasche)

Inzwischen wurde diese Aufzählung durch das europäische Markenamt in Alicante noch um Gerüche erweitert, dort wurde nämlich der Geruch frisch geschnittenen Grases für Tennisbälle als eintragungsfähig angesehen (vgl. Schnettler/Wendt (3) 2003).

Wichtiger Hinweis:

Wie im Impressum dieses Buches vermerkt, sind eingetragene Marken- und Warenzeichen nicht frei verwendbar und müssen bei ihrer Verwendung gekennzeichnet werden (z.B. Marke™ oder Marke®). Das ist hier bei der exemplarischen Nennung zu Anschauungszwecken aus praktischen Gründen unterblieben und bedeutet nicht, dass Markennamen oder Warenzeichen beliebig verwendet werden dürfen!

Meistens besteht eine Marke aus den beiden Elementen: Markenname (aussprechbarer Teil der Marke) und Markenzeichen (Symbol, Logo, Grafik, Farbe, Schriftzug etc.).

Die verwendeten Bildsymbole sind besonders wirksam, wenn sie z.B. konkreten Bezug zur Produkt-/Unternehmensleistung nehmen und dadurch bei den Zielgruppen sog. innere Bilder erzeugen. Abstrakte Bildsymbole ohne konkreten Sinngehalt führen dagegen häufig zu diffusen Markenbildern bei den Zielgruppen.

Einige der klassischen Merkmale und Funktionen eines Markenartikels sind auch heute noch von Bedeutung. Das Merkmal der Ubiquität hingegen stößt bei Luxusmarken (wie etwa Prada, Gucci, Louis Vuitton etc.) an ihre Grenzen. Diese Marken dürfen gar nicht überall erhältlich sein, da sie ansonsten ihren Mythos verlieren würden.

Die folgende Abbildung zeigt den Weg eines Produktes von der Markenware zum Mythos nach:

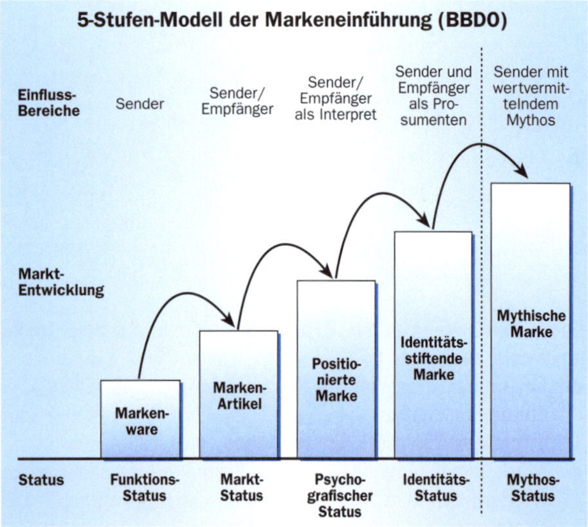

Stufenmodell für die Markenführung der Werbeagentur BBDO Deutschland (Quelle: Schnettler, J./Wendt, G.: Marketing und Marktforschung. Berlin 2003, S. 110)

Der Sprung auf die letzte Stufe gelingt nur wenigen Marken. Erfolgreiche Markenführung muss aber in jedem Fall versuchen, eine Marke innerhalb dieses Systems weiterzuentwickeln.

Als Vorteile von Marken für Konsumenten lassen sich benennen (vgl. Schnettler/Wendt II 2003, S. 109 f.):

- Marken versprechen den Käufern eine gleichbleibend hohe Qualität. Marken schaffen Sicherheit und Vertrauen.
- Marken verschaffen den Käufern eine Orientierung in der immer unübersichtlicher werdenden Warenwelt, denn Marken machen objektive oder subjektiv empfundene Unterschiede zwischen Produkten transparent. Marken schaffen Unterschiede.
- Marken helfen den Käufern beim Ausdruck ihrer Persönlichkeit (Selbstbild/ Selbstverwirklichung), denn sie bieten den Konsumenten Identifikationsangebote (z.B. bei Status-/Prestige- oder Szeneprodukten). Marken schaffen Markenwelten. Marken trennen, Marken vereinen, denn jeder definiert sich über Marken.
- Marken erfüllen sowohl die Sehnsucht, Teil von etwas Größerem zu sein (in der Masse aufgehen), und fungieren in solchen Fällen fast als Religionsersatz, als auch die Sehnsucht nach Individualisierung (Mass-Customization). Marken schaffen Lebensorientierung.

Die Vorteile von Marken für Unternehmen sind (vgl. Schnettler/Wendt II 2003, S. 112):

- Differenzierung von der Konkurrenz, die neben den Produkteigenschaften vor allem über emotionale Kategorien erreicht werden soll.
- Marken machen die Unterschiede zwischen den Produkten wiedererkennbar. Marken schaffen Stammkunden (Markentreue).
- Durch die mögliche starke Markenbindung (Markentreue) können die Kosten verringert werden, denn es ist billiger, Kunden zu halten, als neue zu gewinnen. Außerdem besitzt man eine stabilere Umsatzbasis.
- Vor dem Hintergrund weitgehend gesättigter Märkte, auf denen Marktanteile häufig nur auf Kosten der Konkurrenz gewonnen werden können, ist eine breite Stammkunden-

Basis auch als Markteintrittsbarriere für die Konkurrenz zu sehen und schützt insofern vor Angriffen der Wettbewerber.

- Starke Marken können den Halo-Effekt (engl. halo = Heiligenschein) hervorrufen: Damit beschreibt man das Phänomen, dass die Wahrnehmung einzelner Produktmerkmale von einem bereits gebildeten Qualitätsurteil beeinflusst wird. Dieser Effekt lässt sich immer beim Vergleich der Testergebnisse von Blindverkostungen und normalen Verkostungen beobachten. Häufig schneiden bekannte Marken bei Blindverkostungen lange nicht so gut ab wie in den Fällen, wo ihr positiv bewertetes Images durch die Namensnennung bekannt ist.

So können selbst eingefleischte Cola-Trinker ihre Marke im Blindtest oft nicht von Cola-Produkten der Konkurrenz unterscheiden.

- Es lassen sich höhere Preise und Umsätze erzielen.
- Marken mit einem hohen Markenwert bieten ein größeres Potenzial für Markenerweiterungen, d.h., das Unternehmen kann wesentlich einfacher neue Märkte bzw. Zielgruppen erschließen (vgl. Nivea, Milka).
- Möglichkeit, über Lizenzierungen zusätzlichen Umsatz zu erzielen. Außerdem evtl. Ansprache neuer Zielgruppen und Stärkung des Marken-Images.
- Starke Marken verbessern die Position des Herstellers gegenüber dem Handel, da der Handel Produkte, die stark von den Verbrauchern nachgefragt werden, eher in sein Sortiment (knapper Regalplatz) aufnehmen wird.
- Unternehmen mit starken Marken wachsen überproportional stark. Das zeigt sich vor allem bei börsennotierten Unternehmen. Insofern machen starke Marken Unternehmen krisensicherer.

Für Hersteller-Marken sind die folgenden Basisstrategien zu benennen (vgl. Schnettler/Wendt II 2003, S. 133 ff.):

- Einzelmarkenstrategie (Individual Brand):

Mit dieser Strategie will es der Anbieter schaffen, eine Marke, das bedeutet ein Produkt, mit einem Nutzenversprechen am

Markt bei den anvisierten Zielgruppen durchzusetzen. Für Unternehmen, die über eine Vielzahl an heterogenen Produkten verfügen, ist diese Strategie oft die erfolgversprechendste Möglichkeit, das Produkt darzustellen, insbesondere weil es so möglich ist, das Produkt klar abzugrenzen und zu positionieren.

Vorteile der Einzelmarkenstrategie:
- gezielte Ansprache einzelner Zielgruppensegmente,
- Aufbau einer unverwechselbaren, klaren Markenpersönlichkeit, indem das Bedürfnisprofil der Konsumenten und das Problemlösungsprofil der Marke optimal aufeinander abgestimmt werden können (klare Profilierung bzw. Positionierung),
- Profilierungs- und Positionierungsfreiheiten im Produktlebenszyklus (z.B. bei Relaunch),
- geringe Gefahr negativer Ausstrahlungseffekte auf andere Marken,
- geringer Koordinationsbedarf bei den unterschiedlichen Marken.

Die Risiken bestehen hierin:
- Die Einzelmarke muss in allen Lebenszyklusphasen allein die Marketingaufwendungen tragen,
- ungenügende Amortisation der aufgewendeten Mittel bei kurzer Lebensdauer der Einzelmarke (Break-even-Menge wird nicht erreicht),
- eventuell verträgt der Markt keine weitere Marke mehr,
- fehlende Stützung der Produktmarke durch angrenzende Marken,
- nur langsamer Aufbau einer Markenpersönlichkeit,
- immer größere Probleme, geeignete und schutzfähige Namen zu finden.

◆ Mehrmarkenstrategie:
Auch hier gibt es für jedes Produkt eine eigene Marke, aber es werden in einem Produktbereich mindestens zwei Marken pa-

rallel geführt, die auf das gleiche Segment bzw. den Gesamtmarkt ausgerichtet sind.

Henkel bietet im Segment der Waschmittel „Persil“, „Spee“ und „Der weiße Riese“ an. Unilever bietet im Margarine-Segment die Marken „Rama“, „Lätta“, „Du darfst“, „Becel“, „Sanella“ und „Flora Soft“ an.

Diese Strategie kommt in Unternehmen mit einem breit gefächerten Programm zum Tragen, hier geht man häufig von der Einzelmarkenstrategie zur Mehrmarkenstrategie über, um den Markt in der gewünschten Breite bedienen zu können.

Vorteile:
- bessere Marktausschöpfung
- Chance, Markenwechsler nicht an die Konkurrenz zu verlieren
- erhöhte Markteintrittsbarrieren für Konkurrenzmarken dank breiterer Regalflächenabdeckung
- Schutz der übrigen Produkte vor einem Preiskampf durch Einführung einer Discountmarke

Risiken:
- geringe Umsatzzuwächse durch die Einführung neuer Marken im gleichen Segment, dadurch keine optimale Verwendung der finanziellen und personellen Unternehmensressourcen
- Gefahr der gegenseitigen Kannibalisierung der jeweiligen Marken

◆ Familienmarkenstrategie:

Unter einer Familienmarke (auch als Produktgruppen- oder Range-Marke bezeichnet) werden mehrere verwandte Produkte geführt.

Klassisches Beispiel ist die zunächst allein auf dem Markt befindliche Nivea Creme (Leitprodukt), die als Nivea-Pflegeserie (Allzweckcreme, Körpermilch, Sonnencreme, Haarshampoo, Duschgel, Rasiercreme, Aftershave, dekorative Kosmetik) nun eine Produktgruppe bildet. Damit partizipieren alle unter der Familienmarke Nivea offerierten Produkte vom Nivea-Image.

Vorteile:
- schnellere Akzeptanz im Handel und bei den Verbrauchern (Verringerung des Floprisikos)
- Verjüngung des Image der Muttermarke durch neue Produkte
- gegenseitige Stärkung der Produkte, die unter der Familienmarke geführt werden, und bessere Positionsabsicherung (positiver Imagetransfer)
- geringere Marketingkosten für die einzelnen Produkte der Markenfamilie durch Nutzung von Synergien

Risiken:
- Bei der Profilierung neuer Produkte muss Rücksicht auf die Basispositionierung genommen werden.
- Gefahr der Markenüberdehnung und Markenverwässerung (zu viele unterschiedliche Produkte werden unter der Kernmarke positioniert)
- negative Ausstrahlungseffekte (Imagetransfer) unter den Produkten der Markenfamilie bei unterschiedlichen Qualitätsniveaus, Images bzw. fehlender Affinität
- höherer Abstimmungsaufwand zwischen den Produkten der Markenfamilie
- Handel muss möglichst viele Produkte des Familienmarkensystems übernehmen (Regalplatz knapp und hart umkämpft)

◆ Dachmarkenstrategie:

Von einer Dachmarkenstrategie spricht man, wenn alle Produkte des Unternehmens unter dem Dach einer Marke angeboten werden. Ein solches „Umbrella-Branding" wird oft auf Unternehmensebene praktiziert.

BMW, Microsoft, Hennessy, Fielmann

Die Vorteile sind im Wesentlichen identisch mit den Vorteilen der Markenfamilienstrategie, teilweise haben sie hier jedoch ein höheres Gewicht.

Risiken:

- Gefahr der Markenerosion, wenn die Konsumenten den Kompetenzanspruch nicht mehr für alle Produkte akzeptieren.
- Die klare Positionierung einzelner Produkte ist deutlich erschwert, sodass sich sehr „spitze" Zielgruppen kaum gezielt bearbeiten lassen.
- Im Übrigen bestehen bei der Dachmarkenstrategie die gleichen Risiken wie bei der Markenfamilienstrategie, allerdings wie bei den Vorteilen auch hier teilweise mit einem höheren Gewicht.

Zwei weitere bedeutende Strategien sind:

- die Markentransferstrategie oder Markenimagestrategie: Hier wird der Markenname auf andere Produktbereiche transferiert.
- die im Handel seit den 1980er Jahren verfolgte Handelsmarkenstrategie: Hier verfolgt eine Handelsgruppe das Ziel, den Marktauftritt durch eine eigene Marke zu verstärken, indem den – oft (nicht erkennbar) identischen – Herstellermarken Konkurrenz gemacht wird (z.B. „A & P", „Balea").

2.3 Preis- und Konditionenpolitik

Die Preispolitik (auch Kontrahierungspolitik genannt) steht immer vor der Aufgabe, das optimale Preis-Leistungs-Verhältnis zu bestimmen. Umfassender wird sie auch als Preis- und Konditionenpolitik bezeichnet. Auch der Begriff Preismanagement hat sich eingebürgert, mit ihm löst sich das Thema aus dem Marketing heraus.
Die theoretischen Grundlagen findet die Preispolitik in der Preistheorie der Volkswirtschaftslehre, hierauf wird in diesem Buch (ebenso wie auf die Preis-Absatz-Funktion und andere mathematische Ausführungen) nicht eingegangen, vgl. hierzu Uhe 2002, S. 106 ff.

Der Preis, den ein Unternehmen für ein Produkt verlangt, hat für das Unternehmen eine doppelte Bedeutung:

- Je höher der Preis ist, umso höher ist bei einer bestimmten Absatzmenge der Gewinn.
- Die Preishöhe beeinflusst die absetzbare Menge des Produktes. Typischerweise kann bei einem höheren Preis nur eine geringere Menge abgesetzt werden.

Ein Unternehmen sollte bzw. muss bei Preisentscheidungen immer beide Aspekte berücksichtigen.

Preis-Leistungs-Verhältnis:

Bewertung des Verhältnisses zwischen Preis und Qualität eines Produktes

Der Preis wird in Geldeinheiten ausgedrückt. Er ist der Tauschwert eines Gutes pro Mengeneinheit. In vielen Bereichen ist nicht von Preis die Rede, sondern von Gebühren, Prämien, Honoraren etc. „Preis“ ist der allgemeine Begriff.

Preispolitik:

Alle Entscheidungen in Bezug auf das vom Kunden für ein Produkt zu entrichtende Entgelt (Preis). Entscheidend für das Gelingen ist die Durchsetzung des Preises am Markt. Der Anbieter bewegt sich immer im „magischen Dreieck“ von Kosten, Konkurrenz und Kunden.

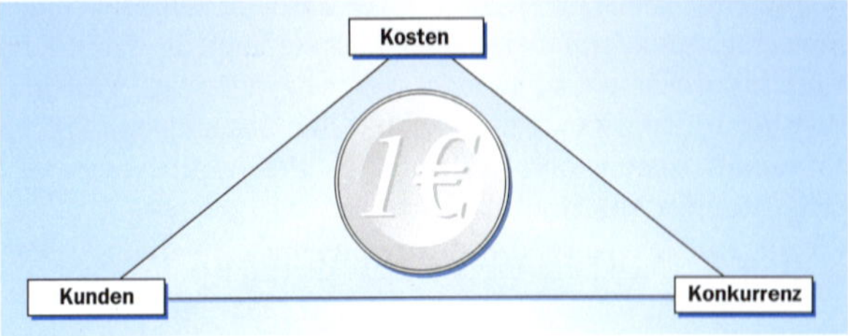

Einflussfaktoren auf die Preispolitik

Magisches Dreieck von Kosten, Wettbewerb und Nachfragern (Kunden)

Die Preisbildung auf dem Markt wird durch drei Faktoren bestimmt: Kosten, Wettbewerb und Nachfrager. Ein Preis liegt also zwischen der durch die Kostenstruktur des Unternehmens festgelegten Preisuntergrenze und der Preisobergrenze, die wiederum von der Preisbereitschaft der Nachfrager bestimmt wird.
Diesen Hintergrund haben preisstrategische Überlegungen zu berücksichtigen, die von Praktikern oft im Verhältnis des magischen Dreiecks und den Möglichkeiten, die die preispolitischen Instrumente bilden, gesehen werden: „Der Anbieter bewegt sich in einem ‚magischen Dreieck', da seine preispolitischen Entscheidungen wechselseitig eigene Kosten beeinflussen und die Nachfragerakzeptanz sowie die Konkurrenzreaktion berühren, also Interdependenzen zum Tragen kommen." (Bruhn 2002, S. 171)

Die preispolitischen Instrumente

Mit den preispolitischen Instrumenten kann man – wie es in der Marketingpraxis gesagt wird – „am Preis drehen". Merkmale des Angebotsprodukts, der Leistung, spielen eine grundlegende Rolle.
Es gilt folgender allgemeiner Zusammenhang: „Je ausgeprägter diese Leistungen den Bedürfnissen der Nachfrager gerecht werden und je stärker sie sich von den Wettbewerbsangeboten abheben, desto größer sind die Preisspielräume und desto geringer ist die Notwendigkeit zum Einsatz der anderen Kontrahierungsinstrumente. Mit zunehmender Leistungshomogenität nimmt hingegen die Intensität des Preiswettbewerbs zu." (Benkenstein 2002, S. 217)

> Ein „Drehen" am Preis mittels der preispolitischen Instrumente sollte systematisch und nicht willkürlich erfolgen.

Ein Unternehmen sollte immer ein ausformuliertes Preis- und Konditionensystem einführen, das man auch „Preis-Mix" nennen könnte. Es beruht auf den im Folgenden beschriebenen preispolitischen Instrumenten.

Preis

Mit diesem ersten Instrument ist die Preispolitik im engeren Sinne gemeint, zunächst also das (besonders schwierige) erstmalige Festlegen von Preisen, selten ist hier eine freie Entscheidung möglich. Wie kann der Preis gefunden werden?
Idealerweise sollten die kosten-, konkurrenz- und kundenorientierten Vorgehensweisen miteinander kombiniert werden. An erster Stelle steht sicherlich das kalkulatorische Vorgehen. Für den Marketer vielleicht interessanter ist das kundenorientierte Vorgehen. Hier spielen psychologische und soziale Faktoren der subjektiven Preiswahrnehmung eine Rolle, die es zu kennen gilt.
Die Preise der Konkurrenz muss man natürlich kennen. Sie angemessen einschätzen zu können erfordert vor allem Erfahrung auf diesem Gebiet. Löst man sich von dem branchenüblichen Preis, kann es zu Preiskämpfen kommen, deren Ausgang ungewiss ist.

Rabatt

Unter „Rabatt" versteht man Nachlässe vom Listenpreis. Rabatte gewährt ein Unternehmen den Abnehmern unter bestimmten Bedingungen. Mit dem Instrument Rabatt lässt sich somit die „Feinsteuerung" des Preises erreichen.
Rabatte sind Instrumente zur Kundenbindung. Zwar sind Rabatte und Skonti besonders geeignet, um schnell und flexibel auf Veränderungen einzuwirken, ohne direkte Preisanpassungen durchzuführen, aber sie sind auch schwer wieder zurückzunehmen und werden schnell zur Selbstverständlichkeit.

> Rabatte sind heute oft stark von den Machtverhältnissen zwischen Lieferant, Absatzmittler und Kunde bestimmt.

Es gibt verschiedene Rabattarten (Mengenrabatte, Funktionsrabatte, Zeitrabatte, Sonderrabatte), die sich durch unterschiedliche Bezugsgrößen voneinander unterscheiden.

Skonti/Boni

Skonti sind Rabatte, mit denen das rasche Bezahlen belohnt wird. Sie werden gewährt, wenn der Kunde innerhalb einer definierten Zahlungsfrist zahlt. Üblich sind Skonti in Höhe von maximal 3%.
Mit Bonusregelungen will der Lieferant den Abnahmewert regeln. Boni werden selten sofort gewährt. Stattdessen erhält der Kunde nach Ablauf einer bestimmten Zeit eine Rückvergütung. Solche Regelungen werden oft als Treuerabatt verstanden.

Lieferbedingungen

Als allgemeine Geschäftsbedingungen gehören sie eigentlich zur Distributionspolitik, werden aber aufgrund ihrer Nähe zu und Kombination mit den Zahlungsbedingungen hier erwähnt. Mit ihnen werden die Kosten und Risiken des Transportweges vom Lieferanten zum Kunden geregelt.
Hier wäre zu prüfen, ob die Übernahme der Lieferkosten durch den Lieferanten vom Kunden entsprechend honoriert wird. Ist das nicht der Fall, ist es angeraten, diese Kosten dem Kunden in Rechnung zu stellen.
Zu den Lieferbedingungen gehört die Festlegung des Liefertermins genauso wie eine Klausel darüber, was bei Nichterfüllung der Lieferbedingungen gilt.
Auf internationaler Ebene haben sich besondere „Terms" herausgebildet, die es zu beachten gilt („Incoterms" – International Commercial Terms von 1936).

Zahlungsbedingungen

In den Zahlungsbedingungen wird die Art und Weise der Zahlung von gekauften Produkten geregelt. Es geht also um die Zahlungsverpflichtung des Käufers.

Zahlungsbedingungen werden üblicherweise im Kontext der Branche geregelt. Sie können in anderen Ländern völlig anders formuliert sein.

Die parallele Anwendung der Preisinstrumente führt oft zu einem „Abbröckeln" des Grundpreises auf den Zwischenstufen.

Von einem Grundpreis von 100 € werden beispielsweise abgezogen:
- normaler Händlerrabatt (21,50 €),
- Mengenrabatt (5 €),
- aktionsbezogener Sonderrabatt (2,40 €),
- Einzelrabatte, die durch Außendienst vergeben werden (2,90 €),

sodass sich der Preis auf der Rechnung für den Händler bereits auf 68,20 € reduziert hat. Auf dem Weg zum Endkunden werden davon noch abzogen:
- Bonus für Erreichung des Umsatzsteigerungsziels (3,50 €)
- Treuebonus (2,10 €)
- Werbekostenzuschuss (1,50 €)
- Exklusivitätsbonus (2,60 €)
- Bonus für Unterstützung bei Neuprodukeinführungen (1,20 €)

Der tatsächlich erzielte Preis beträgt dann nur noch 57,30 €.

Die Differenz zwischen dem Herstellerabgabepreis und dem Endabnehmerpreis wird Handelsspanne genannt. Eine Möglichkeit für Unternehmen, um der im Beispiel gezeigten Gefahr der Preiserosion zu begegnen, ist die Entwicklung von „Grundsätzen der Gestaltung von Rabatt- und Bonussystemen", die ein einheitliches Handeln auf allen Ebenen gewährleisten.

Mit solchen Systemen können jedoch nur dann nachhaltige Erfolge erzielt werden, wenn folgende Bedingungen erfüllt werden (Kategorien in Anlehnung an Homburg/Krohmer 2003, S. 557):

- Kundensegmentierung: Ist das Rabatt- und Bonussystem nach verschiedenen Kundensegmenten ausgerichtet? In einem Kundensegment darf es keine unterschiedlichen Anwendungen geben.
- Leistungsorientierung: Ist das Rabatt- und Bonussystem nach dem Prinzip Leistung–Gegenleistung ausgerichtet?

Preispolitische Ziele und Strategien

Preispolitische Ziele

Unternehmensbezogene Ziele

- Erhöhung von Absatz/Umsatz
- Erhöhung der DB und Gewinne
- Verbesserung der Rentabilität
- Erhöhung des Marktanteils

Handelsbezogene Ziele

- Erhöhung der Präsenz in den Handelskanälen
- Verbesserung der Produktplatzierung und -präsentation
- werbliche Unterstützung durch den Handel
- Sicherung einheitlichen Preisniveaus

Kundenbezogene Ziele

- Verbesserung der wahrgenommenen Preiswürdigkeit
- Verbesserung der wahrgenommenen Preisgünstigkeit
- Beeinflussung der Preiswahrnehmung
- Beeinflussung der Preiserwartung

Preispolitische Strategien

Preispositionierung

Hochpreisstrategie
Mittelpreisstrategie
Niedrigpreisstrategie

Preiswettbewerb

Preisführerschaft
Preiskampf
Preisfolgerschaft

Preisabfolge

Penetrationsstrategie
Skimmingstrategie

Preisdifferenzierung

Mengenmäßige Preisdifferenzierung
Zeitliche Preisdifferenzierung
Räumliche Preisdifferenzierung
Personelle Preisdifferenzierung
Produktbezogene Preisdifferenzierung

Wird die Wirkung auch systematisch und regelmäßig gemessen?

- Komplexitätsbegrenzung: Enthält das Rabatt- und Bonussystem eine überschaubare Anzahl an verwendeten Kriterien? So wird die Fehleranfälligkeit reduziert.
- Transparenz: Verdeutlichen wir unseren Kunden in dem Rabatt- und Bonussystem, nach welchen Kriterien Rabatte und Boni vergeben werden? Folgen wir hierbei dem Modell der „Preistreppe“, das optimale Transparenz ermöglicht?
- Ermessensspielräume: Lässt unser Rabatt- und Bonussystem in der Anwendung Ermessensspielräume zu, um besonderen Situationen Rechnung tragen zu können? Bei diesen Sonderregelungen darf die Verbindlichkeit des Systems jedoch nicht in Frage gestellt werden.

Preispolitische Strategien (= Preisstrategien)

Die Überlegungen zum „Magischen Dreieck der Preispolitik“ (vgl. Kap. 2.3) reichen zwar als Denkansatz für die praktische Arbeit, der Bedeutung der Preispolitik werden sie jedoch nicht umfassend gerecht, kommt es doch innerhalb des Marketing-Mix darauf an, strategisch zu denken.

Preisstrategien:

Preispolitische Strategien betreffen grundsätzliche Entscheidungen zur Verfolgung langfristiger Gewinnziele. Sie werden im Rahmen der Preispolitik verfolgt.

Preisstrategien haben hier eher grundsätzlichen und langfristigen Charakter. Da sie oft im Hinblick auf den Produktlebenszyklus festgelegt werden, berücksichtigen sie den Zeitverlauf der Produkte, sind also durch eine dynamische Struktur gekennzeichnet. Es lassen sich nach Bruhn vier verschiedene Bereiche unterscheiden, denen die einzelnen Preisstrategien zugeordnet werden können (Bruhn 2002, 173 ff.), die im Folgenden vorgestellt werden:

Strategien der Preispositionierung

Hierbei geht es um die Frage, in welcher Preislage ein Produkt oder ein Produktprogramm positioniert werden soll. Hier unterscheidet man

- Hochpreis-,
- Mittelpreis- und
- Niedrigpreisstrategien.

Wer eine Hochpreisstrategie realisieren will, definiert ein relativ hohes Preisniveau verknüpft mit deutlichen Qualitätsvorteilen. Begriffe wie Premium, Oberklasse, High End bringen das zum Ausdruck. Die Abhebung, d.h. die preisliche Distanz zur Mittel- und Niedrig-Preislage, muss für den Nachfrager erkennbar sein. Unternehmen, die eine Hochpreisstrategie verfolgen, haben in dem betreffenden Produktbereich auch eine relativ hohe Kostenstruktur. Sie müssen deshalb das Ziel verfolgen, hohe Überschüsse pro Einheit zu erwirtschaften.
Im Niedrigpreisbereich ist das Gegenteil der Fall: Die sog. Preis-Mengen-Strategie, mit der eine Kostenführerschaft angestrebt wird, richtet sich auf den Massenmarkt und orientiert sich an der Mindestqualität. So sollen Kostenvorteile durch Massenproduktion und Massendistribution (Economies of Scale) realisiert werden. Das gilt auch für Dienstleistungen.

Man denke nur an die moderne Pauschalreise im Billigpreissegment.

Strategien des Preiswettbewerbs

Wenn sich die Preisstrategie eng am Wettbewerb, insbesondere am Marktführer orientiert, lassen sich idealtypisch drei Preisstrategiearten unterscheiden:

- Preisführerschaft: Hier orientiert sich das Unternehmen an den hohen Preisen der Konkurrenz. Deren Preise dienen als

Messlatte. Ändert der Preisführer seinen Preis, so erfolgt mit einem geringen „Time lag" eine Anpassung.

Dieser am „Leitpreis" orientierte Herdeneffekt ist beim Benzinpreis gut zu beobachten.

Eine solche Praxis kann im strengen Sinne nicht als Strategie bezeichnet werden, wohl aber die längerfristige Orientierung an einem Marktführer, der durch Qualität, Design etc. den Markt dominiert.

- Preiskampf: Hier versuchen die Anbieter, den niedrigsten am Markt durchsetzbaren Preis zu fordern, um die Konkurrenz zu schwächen und um keine Kunden zu verlieren.

Ein solches preisaggressives Verhalten findet sich bei den unterschiedlichsten Produkten im Lebensmittelhandel, aber auch bei hochwertigen Gütern, z.B. in der Automobilbranche oder der PC-Industrie.

- Preisfolgerschaft: Hier handelt das anbietende Unternehmen nicht autonom, sondern reagiert auf die Preisänderungen der Konkurrenz, es folgt der Konkurrenz.

Strategien der Preisabfolge

- Penetrationsstrategie: Das Ziel dieser Preisstrategie ist die schnelle Marktdurchdringung – deshalb auch „Marktdurchdringungsstrategie" genannt – mit neuen Produkten, um dann unter Nutzung der erreichten Marktposition die Preise zu heben. Die Strategie wird insbesondere dann angewendet, wenn eine Alleinstellung nicht lange aufrechterhalten werden kann und deshalb schnell eine starke Marktposition aufgebaut werden soll. Der niedrige Einstiegspreis soll Nachfolger abhalten. Der Nachteil dieser Strategie liegt darin, dass die späteren Preisanhebungen von den Kunden als Preissteigerungen empfunden werden, trotz der damit im Idealfall einhergehenden Qualitätssteigerungen.

Vor allem japanische Anbieter haben diese Strategie in den USA und Europa verfolgt, indem sie zunächst mit „Billigprodukten" zu Penetrationspreisen in die Märkte eingedrungen sind (Kameras, Autos), um dann unter Anhebung der Qualität den Markt zu behaupten.

- Skimmingstrategie (skimming = abschöpfen): Diese Preisstrategie verfolgt das Ziel, möglichst schnell hohe Gewinne abzuschöpfen. Sie empfiehlt sich immer dann, wenn es um (technische) Innovationen oder neue stark begehrenswerte Produkte geht. Sie setzt darauf, dass genügend zahlungsbereite Nachfrager kaufen.

Klassisch ist das Vermarkten von Büchern: Zuerst kommt die teure gebundene oder sogar Leder-Ausgabe, dann eventuell eine Sonder-Ausgabe (z.B. als Studienausgabe) und schließlich erheblich zeitverzögert die Taschenbuchausgabe.

Preissenkungen erfolgen erst dann, wenn die anvisierten Absatzzahlen erreicht sind. Die Strategie ist dann sehr risikoreich, wenn es Wettbewerbern problemlos möglich ist, in den – aufgrund des recht hohen Anfangspreises sehr attraktiven – Markt einzutreten.

Strategien der Preisdifferenzierung

Von Preisdifferenzierung spricht man, wenn ein Unternehmen auf der Basis bestimmter Kriterien ein identisches Produkt an verschiedene Konsumenten zu unterschiedlichen Preisen verkauft. Durch diese Bildung von Teilmärkten wird das Ziel verfolgt, den Gesamtgewinn zu vergrößern. Man unterscheidet:

- Mengenmäßige Preisdifferenzierung: Diese Art der Preisdifferenzierung spiegelt sich in Mengenrabatten wider, die gewährt werden, wenn die Anzahl der von einer Einheit (Person/Unternehmen) abgenommenen Produkte ein gesetztes Limit übersteigt.

- Zeitliche Preisdifferenzierung: Wenn für das identische Produkt zu verschiedenen Zeiten – je nach Bestellzeitpunkt oder Nutzungszeit – unterschiedliche Preise verlangt werden, spricht man von zeitlicher Differenzierung.

Last-Minute-Reisen sind z.B. so definiert, dass sie 14 Tage vor Reisebeginn gebucht werden. Dieselbe Reise zu einem früheren Zeitpunkt normal gebucht wäre nicht so preisgünstig gewesen. Auch im Telefonbereich wird zeitlich differenziert, so ist es u.U. preiswerter, nachts zu telefonieren als tagsüber.

Eine heute in vielen Bereichen bekannte Preisstrategie ist das Yield Management (deutsch: Ertragsmanagement). Das ist ein Marketing-Konzept zur nachfrageorientierten Angebotssteuerung, das vorwiegend im Dienstleistungsbereich zur Anwendung kommt. Durch gezielte preis- und kommunikationspolitische Maßnahmen soll unter Ertragsgesichtspunkten eine Optimierung der Auslastung von zeitlich begrenzt verfügbaren Kapazitäten (z.B. Sitzplätze in einem Flugzeug) erreicht werden. Letztlich geht es also darum, die Nachfrage unter Berücksichtigung der spezifischen Bedarfssituation der Kunden durch höhere oder niedrigere Angebotspreise gezielt auf freie Kapazitäten zu lenken, um den Gesamtumsatz zu maximieren.

- Räumliche Preisdifferenzierung: Mit dieser Strategie sollen geografisch abgegrenzte Teilmärkte (Länder, Regionen etc.) unterschiedlich beeinflusst werden. Klassisch ist die Unterteilung in Inlands- und Auslandsmarkt. Wenn die Exportpreise im Vergleich zu den Inlandspreisen sehr tief sind, spricht man in diesem Zusammenhang u.a. von Dumpingpreisen.

- Personelle Preisdifferenzierung: Kunden lassen sich nach verschiedenen Kriterien unterscheiden, deshalb bietet sich hier eine Vielzahl an preisdifferenzierenden Strategieversionen an: Denken Sie z.B. an Senioren- oder Studentenermäßigungen, Preisvorteile für Vereinsmitglieder oder Betriebsangehörige. Anhand von Kundenkarten kann für die differenzierten Gruppen der Nutzungsverlauf verfolgt und entsprechende Maßnahmen gestartet werden. Das One-to-One-Marketing setzt an diesem Preisstrategietyp an.

- Produktbezogene Preisdifferenzierung: Mit dieser Differenzierungsstrategie wird insbesondere angestrebt, die kostenbezogenen Wechselwirkungen verschiedener Produkte eines Unternehmens zu erkennen und auszugleichen. Verbreitet sind Maßnahmen der Preisbündelung, also das Bündeln von Einzelprodukten zu sog. Paketen.

Insbesondere im Dienstleistungsbereich (z.B. Tourismus, Versicherungen etc.) ist diese Form der Preisdifferenzierung üblich geworden. Im PC-Sektor mit seiner Peripherie haben sich ausgefeilte Preissysteme gebildet.

Der Planungsprozess der Preispolitik

Der Preis stellt nur ein Element des Marketing-Mix dar. Wegen der mannigfachen Abhängigkeiten und Wechselwirkungen ist es von Vorteil, ein Planungsprinzip anzuwenden, das die wesentlichen Faktoren der Planung der Preispolitik enthält.
Die folgende Abbildung stellt ein solches Schema dar, mit dem man sich den Prozess der preispolitischen Abhängigkeiten bewusst machen kann:

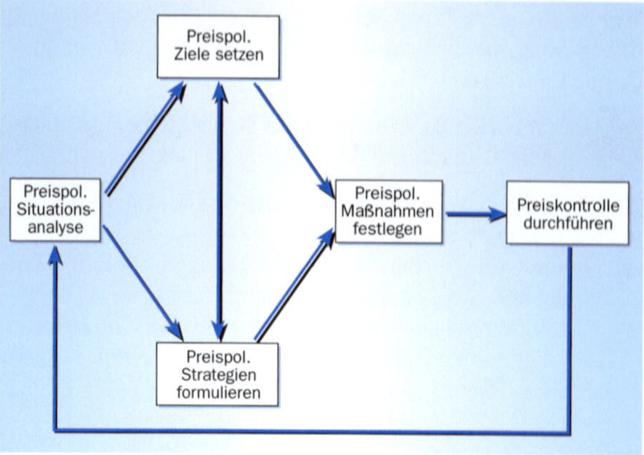

Planungsprozess der Preispolitik (vgl. Bruhn 2002, S. 171)

Ausgangspunkt bildet das magische Dreieck der Preispolitik: Kosten–Kunde–Konkurrenz. Die preispolitische Konzeptionsarbeit hat zu beginnen, indem in quantifizierter Form der preispolitische Spielraum bestimmt wird. Dabei muss das Unternehmen auf der Basis seines Potenzials zunächst die eigene Kostensituation analysieren (Selbstkosten, geplante Gewinne, erwartbare Gewinne).
Sodann ist zu analysieren, welche Preisforderungen aus der Sicht der Kunden und Mittler in Abhängigkeit von Konkurrenzangeboten akzeptabel sind. Die Analyse der Wettbewerber zielt insbesondere darauf ab, deren Reaktionen zu antizipieren.
Im Anschluss an diese Analysen sollte das Unternehmen die eigenen preispolitischen Ziele formulieren und von den preispolitischen Strategien diejenigen bestimmen, die zum Zuge kommen sollen. Erst jetzt werden preispolitische Maßnahmen geplant, kommen die Instrumente des Mix zum Einsatz.
Der Zyklus endet mit der Preiskontrolle auf Handels-, Endverbraucher- und Konkurrentenebene.

Wenn das Unternehmen auf diese Art vorgeht, wird es ihm gelingen, Transparenz herzustellen und Hinweise auf vorzunehmende Preiskorrekturen zu erhalten.

> Der Preis-Mix ist schließlich mit dem allgemeinen Marketing-Mix abzustimmen.

Als generelle Faustregel mag in Abhängigkeit von der gewählten Marketingstrategie gelten: bei

- Qualitätsführerschaft zur Durchsetzung von Qualitätsvorteilen: hohes Preisniveau – Hochpreisstrategie,
- Kostenführerschaft zur Durchsetzung von Kostenvorteilen: aggressive Preispolitik i.S. eines niedrigen Preisniveaus – Niedrigpreisstrategie.

Entscheidet sich das Unternehmen für die Position „Dazwischen“, verfolgt es eine Mittelpreisstrategie.

2.4 Kommunikationspolitik

Wenn im Marketing von Kommunikationspolitik gesprochen wird, sind in der Regel die Instrumente der Kommunikationspolitik für jeden Insider präsent:

- Mediawerbung
- Verkaufsförderung
- Direktmarketing
- Public Relations
- Sponsoring
- Persönliche Kommunikation
- Messen/Ausstellung
- Event-Marketing
- Multimedia-Kommunikation

Diese bilden den „Kern“ der Kommunikation. Mit „Kommunikationspolitik im Rahmen der Marketing-Kommunikation“ ist allerdings mehr gemeint: In diesem Fall umfasst sie alle Elemente und Instrumente des Marketing-Mix.

Damit zählt auch die zur Produktpolitik gehörende Verpackung, auf der Werbung und Informationen angebracht sind, zur Markt-Kommunikation.

Wir erkennen daran, dass es nicht genügt, sich nur auf die neun Instrumente zu konzentrieren. Sie bedürfen der Ergänzung und Abstimmung innerhalb des gesamten Mix.

Kommunikationspolitik:

Entscheidungen und Handlungen zur Festlegung und Übermittlung von Informationen und Bedeutungsinhalten an ausgewählte Zielgruppen mit dem Zweck der Beeinflussung. Wichtigste Zielsetzungen sind: Steigerung des Bekanntheitsgrades von Produkten und/oder Unternehmen, Image-Aufbau bzw. Profilierung, Verhaltensbeeinflussung bei Nachfragern, Bestätigung des Kaufverhaltens eigener Kunden (vgl. Kuß 2003, S. 233 f.).

Kommunikation (lat. communicatio = Verbindung, Mitteilung) lässt sich als menschliches Grundbedürfnis bzw. menschliche Fähigkeit bestimmen, als Element jeder sozialen Beziehung, bei der gegenseitig orientiertes Verhalten immer auch den Sinn der Informationsübermittlung hat. Kommunikation ist somit eine unabdingbare Voraussetzung für individuelle, soziale und gesellschaftliche Prozesse.

Wir wollen uns dem Begriff Kommunikation nähern, indem zwei Kommunikationsmodelle vorgestellt werden. Das Modell I liegt üblicherweise dem klassischen Marketingverständnis zugrunde (Transaktionsmarketing).

Kommunikationsmodell I

Eine Kommunikationskette, wie sie dem Sender-Empfänger-Modell zugrunde liegt, erfasst die strukturellen Elemente der Kommunikation: Das von dem Sender übermittelte Signal ist der Träger der Botschaft, die vom Sender codiert und vom Empfänger decodiert, also entschlüsselt wird.

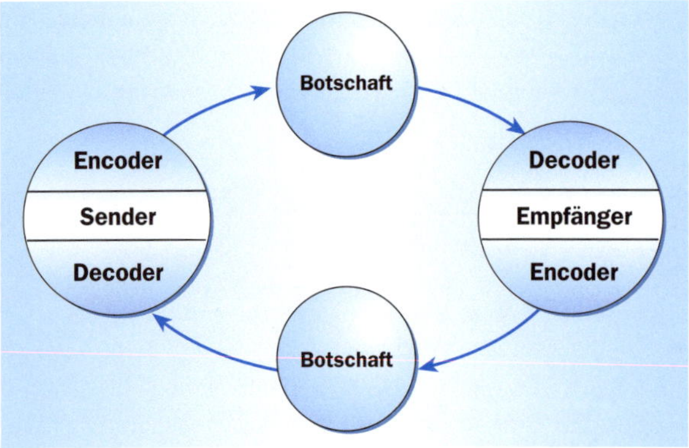

Kommunikationsmodell I

Diese einfachste Kommunikationskette weist eine doppelte Verbindung zwischen den beiden Kommunikationspartnern auf. Neben der einfachen, mit physikalischen Methoden nachweisbaren Signalverbindung besteht die Botschaft aus Zeichen, die auf einen gemeinsam geteilten Zeichenvorrat treffen müssen. Zum Zustandekommen von Kommunikation sind also zwei Forderungen zu erfüllen:

- Der Übermittlungsweg muss intakt sein und
- der dem Sender zur Verfügung stehende aktive Zeichenvorrat muss eine genügende Zahl gemeinsamer Elemente mit dem passiven Zeichenvorrat des Empfängers aufweisen.

Demzufolge kann die Kommunikation also gestört sein, wenn die Signalanpassung und/oder die Zeichenanpassung beim Empfänger nicht gelungen ist.

Zusammengefasst handelt es sich um folgenden Kommunikationsprozess: „Der Kommunikationsablauf ist gekennzeichnet durch das Verschlüsseln und Entschlüsseln der (Werbe-)Botschaft auf dem Weg (Medium) vom Sender (Unternehmung) zum Empfänger (Zielperson). Kommunikationswirkungen können aber nur dann im Sinne der gesetzten Ziele erreicht werden, wenn dieser Prozess möglichst störungsfrei abläuft." (Scharf/Schubert 2001, S. 219)

Jeder, der Werbeaussagen formuliert und versucht die Wirkung der Werbung zu messen, gibt zu, dass es schwierig ist, die „Message", also die Werbebotschaft, so zu gestalten (vercoden), dass sie leicht, schnell und unmissverständlich entschlüsselt (decodiert) werden kann.
Die „argumentative Schlagkraft" oder „die unwiderstehliche Überzeugungskraft der ‚richtigen' Aussagen" oder die „Bedeutungen transportierenden Verbindungen zwischen den Kommunikationspartnern" sind denn auch empirisch schwer nachvollziehbar.

Dieses Modell erklärt uns nicht viel über Kommunikation. Das ist auch kaum verwunderlich, stammt es doch aus der physikalisch orientierten Informationswissenschaft.
Für unsere Zwecke ist das Modell zumindest ergänzungsbedürftig, auch wenn es das kommunikationsökonomische Rückgrat der Werbebranche bildet. Gewünschte kommunikative Effekte stellen sich nämlich nicht einfach durch den Kontakt mit kommunikativen Angeboten bei der Zielgruppe ein, d.h., eine Werbeanzeige löst keineswegs zwanghaftes Kaufverhalten aus.

Kommunikationsmodell II

Während das Kommunikationsmodell I für die Operationalisierung und Planung der Kommunikationspolitik einen direkten Umsetzungsvorschlag bietet, liegt die Betonung des zweiten Modells nun auf der Erkenntnis, dass das kommunikative Geschehen vor allem einen wechselseitigen Beeinflussungsprozess darstellt.
Hier wird davon ausgegangen, dass wir in verschiedenen Erlebniswirklichkeiten kommunizieren, und zwar über das, was uns individuell bewusst ist und was mit unserer individuellen Sprache autobiografisch geprägt ist. Damit die Kommunikation gelingen kann, bedarf es verständigungsorientierter Rahmenbedingungen. Es muss auf die Eigenarten der Akteure wechselseitig Rücksicht genommen werden.

Hierzu werden drei zu überwindende Hindernisse genannt (vgl. Rusch 2003, S. 291 ff.):

- Menschen verstehen sich nicht per se,
- Menschen verstehen sich anders,
- Menschen akzeptieren oft nicht, was der Gesprächspartner meint.

Aus diesen drei neuen Kommunikations-Axiomen ist der folgende Schluss zu ziehen:

Nicht die Botschaft (Message) macht den Erfolg, sondern die Rezipienten, also Sender und Empfänger, machen ihn.

Damit verlagert sich das Gestaltungsproblem von der effektvollen Gestaltung der Botschaft zur Gestaltung der kommunikativen Umwelt.

Wann spricht man nun also in diesem Zusammenhang von Kommunikation? Hierfür muss dreierlei gegeben sein:

- Es existiert eine Information,
- diese Information wird mitgeteilt,
- die mitgeteilte Information wird verstanden.

Fehlt eines dieser Elemente (Information, Mitteilung, Verstehen), so hat keine Kommunikation stattgefunden.

Kommunikation ist somit keine einfache Wahrnehmung, sondern ein Produktions- und Reproduktions-, besser: ein Konstruktionsvorgang, bei dem das Verstehen den Anschluss für weitere Kommunikation herstellt.

Verstehen ist die Voraussetzung für die Fortsetzung der Kommunikation.

Das auf den folgenden Seiten skizzierte „kombinierte Kommunikationsmodell" entfaltet nun im oberen Teil das als Kommunikationsmodell I eingeführte einfache Sender-Empfänger-Modell, indem es auf die Marketingkommunikation bezogen wird.
Bruhn hat nun im Anschluss an diese Erkenntnisse ein Kommunikationsmodell vorgelegt, in welchem das einseitige Kommunikationsverständnis des ersten Modells zugunsten einer Form der zweiseitigen interaktiven Kommunikation betont wird (vgl. Bruhn 2003, S. 8).
Im unteren Teil des „kombinierten Kommunikationsmodells" werden zwei Kommunikationsformen unterschieden: die Push-Kommunikation und die Pull-Kommunikation.

Kombiniertes Kommunikationsmodell

(entwickelt nach Scharf/Schubert 2001, S. 218 und Bruhn 2003, S. 8)

Kommunikationsprozess	**Quelle**	**Codierung der Botschaft**
zuständig betroffen	Anbieter	Werbe-/PR-Agentur
Aufgabe der Kommunikationspolitik	Produktpositionierung und Festlegung der Zielgruppe	Übersetzung der Positionierung in eine Botschaft
Zwei Kommunikationsformen	**Push-Kommunikation**	

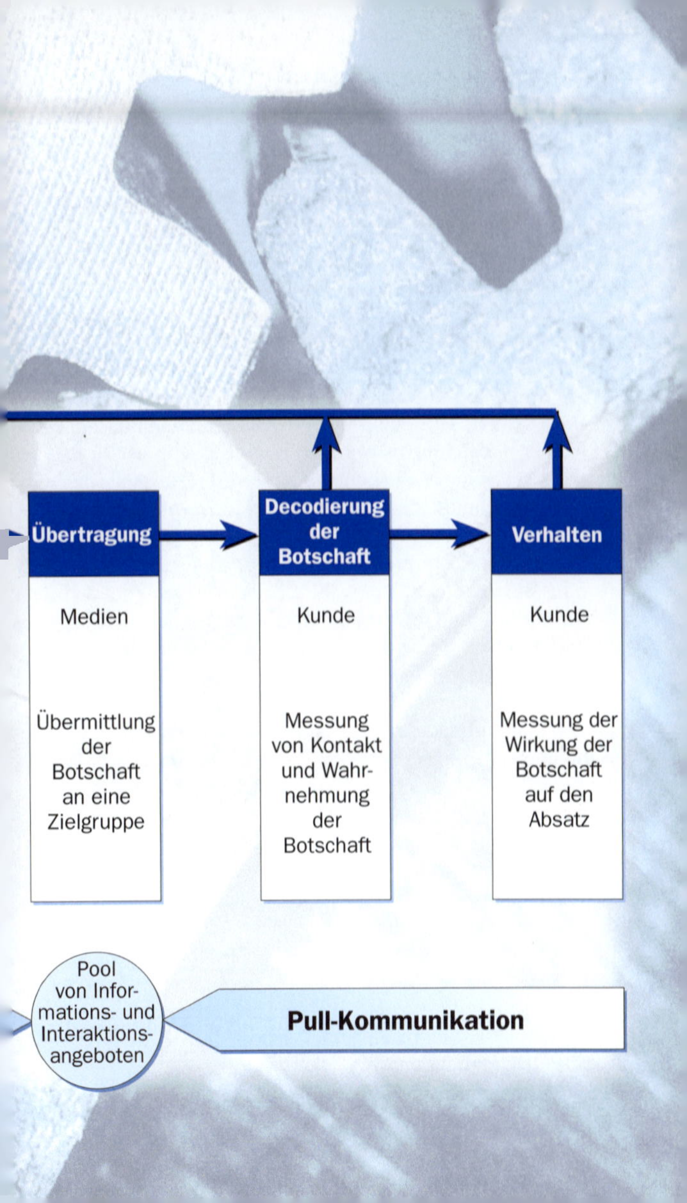

Übertragung
Medien
Übermittlung der Botschaft an eine Zielgruppe
Decodierung der Botschaft
Kunde
Messung von Kontakt und Wahrnehmung der Botschaft
Verhalten
Kunde
Messung der Wirkung der Botschaft auf den Absatz
Pool von Informations- und Interaktionsangeboten
Pull-Kommunikation

Push- und Pull-Kommunikation

Während im klassischen Modell I (oberer Teil) durch das Verschlüsseln und Entschlüsseln die Funktionsweise des linearen Modells illustriert wird, wird bei den Kommunikationsformen des Push und Pull gerade das Wechselseitige des Kommunikationsprozesses betont. Bruhn charakterisiert die beiden Formen der Kommunikation wie folgt (Bruhn 2003, S. 8 f.):

- Push-Kommunikation: „Hier handelt es sich um eine Kommunikationsform, die nach dem klassischen Kommunikationsmodell ausgerichtet ist (Sender – Medium – Empfänger). Es dominiert eine vom Anbieter initiierte einseitige Kommunikation, z.B. durch die Mediawerbung oder Pressearbeit. Die Funktionen der Kommunikation liegen primär in der Information und Beeinflussung der Konsumenten sowie der Bestätigung ihrer Verhaltensweisen."
- Pull-Kommunikation: „Diese Form der Kommunikation geht primär vom Nachfrager aus und ist zweiseitig, z.B. bei der Online-Kommunikation, bei Call-Center-Anfragen oder Beschwerden. Der Anbieter schafft einen Pool an Informations- und Interaktionsangeboten, bei dem der Nachfrager entscheidet, ob und wie er sie in Anspruch nehmen möchte (Multi-Channel-Angebote). Dies bedeutet, dass Instrumente der Pull-Kommunikation die Zielgruppen direkt oder indirekt dazu auffordern müssen, mit dem Unternehmen in Kontakt zu treten. Die Zielgruppen müssen diese Aufforderung akzeptieren und in einem nächsten Schritt umsetzen."

Was hier als Pull-Kommunikation bezeichnet wird, findet später seinen Niederschlag im Customer Relationship Marketing. Kommunikation wird dort als Angebot und Nachfrage von Information verstanden. Eine solche beziehungsorientierte Kommunikation erfolgt im Dialog. Unter diesem Gesichtspunkt sind auch die Kommunikationsinstrumente auszuwählen. Die folgende Übersicht berücksichtigt die Merkmale einer Push-/Pull-Kommunikation.

Merkmale	Kommunikationsformen	
	Push-Kommunikation	**Pull-Kommunikation**
Kommunikationsmodell	Klassisches Kommunikationsmodell (Sender–Medium–Empfänger)	Modell des Angebotes eines Pools von Informations- und Kommunikationsangeboten
Richtung der Kommunikation	Einseitig	Zweiseitig
Initiator der Kommunikation	Anbieter	Anbieter oder Nachfrager
Primärfunktionen	◆ Informationsfunktion ◆ Beeinflussungsfunktion ◆ Bestätigungsfunktion	◆ Aufforderungsfunktion ◆ Interaktionsfunktion ◆ Individualisierungsfunktion ◆ Flexibilitätsfunktion
Typische Kommunikationsinstrumente und -mittel	◆ Mediawerbung ◆ Pressearbeit ◆ Verkaufsförderung ◆ Sportsponsoring …	◆ Online-Kommunikation ◆ Call-Center ◆ Beschwerden ◆ …

Push- versus Pull-Kommunikation (Quelle: Bruhn, M.: Integrierte Unternehmenskommunikation. Strategische und operative Umsetzung. 3. Aufl., Stuttgart 2003, S. 9)

Die Unternehmen müssen die neuen interaktiven Kommunikationsinstrumente gleichwertig zu den klassischen Tools in ihre Kommunikationspolitik einbeziehen.

Zusammenfassend ist festzustellen: Kommunikationspolitik ist anspruchsvoller und umfangreicher geworden. Für den Kommunikationsmanager bedeutet das, die Kommunikationsprozesse müssen integrativ geplant und realisiert werden.

Klassische Kommunikationsinstrumente

Der Einsatz der Kommunikationsinstrumente erfordert immer die Klärung von drei Grundfragen:

- Was soll mitgeteilt werden? – Kommunikationsobjekt
- Mit wem soll kommuniziert werden? – Kommunikationssubjekt
- Wie soll vorgegangen werden? – Kommunikationsprozess

Keine dieser Fragen darf bei Auswahl und Einsatz der Instrumente aus den Augen verloren werden. Deswegen gehen Organisationen oft dazu über, eine sog. Kommunikationsstrategie zu entwickeln: Ausgehend von der verfolgten Kommunikationspolitik werden Festlegungen getroffen, die die Entwicklung und den Einsatz der Kommunikationsinstrumente leiten. Hierzu zählen:

- Entwicklung eines Marketingleitbildes. Ein solches Marketingleitbild wird aus der CI (Corporate Identity) für den Markt abgeleitet.
- Formulieren der Kommunikationsziele. Welche Problemlösung soll mit den Instrumenten erreicht werden?
- Festlegen der Kommunikationszielgruppen.
- Positionierung. Eigenständiges Profil bei der Zielgruppe.

Aus der Vielzahl an Kommunikationsinstrumenten sollen diese vier hier kurz in einer Übersicht charakterisiert werden:

- Werbung
- Verkaufsförderung
- Public Relations (PR)
- Persönlicher Verkauf

Die Übersicht grenzt diese zentralen Kommunikationsinstrumente voneinander ab. Anhand der Kriterien lässt sich sehr gut die Eignung für die jeweilige Funktion erkennen.

> Ein Unternehmen sollte auf keines der Instrumente verzichten, bilden sie doch gleichzeitig ein Minimalkonzept.

Kriterium	Zentrale Kommunikationsinstrumente			
	Werbung	Verkaufsförderung	PR	Persönlicher Verkauf
Primäre Aufgabe	Anbahnung von Beziehungen in Absatz- und Beschaffungsmärkten	Anbahnung von Beziehungen in Absatzmärkten	Anbahnung von Beziehungen in der gesamten Öffentlichkeit	Anbahnung von Beziehungen in Absatzmärkten
Zielgruppe	aktuelle und potenzielle Kunden	Kunden, Außendienst, Handel	alle Teilöffentlichkeiten	aktuelle und potenzielle Kunden
Kommunikationsobjekt	Produkt oder Dienstleistung; Unternehmen	Produkt oder Dienstleistung	Unternehmen	Produkt oder Dienstleistung
Zentrales Ziel	Schaffung von Markttransparenz, Marktanteilsgewinnung	Marktanteilsgewinnung	Schaffung von Verständnis, Vertrauen, Glaubwürdigkeit	Marktanteilsgewinnung
Orientierungsgröße beim Konsumenten	konsumtive Zwecke	konsumtive Zwecke	soziale, geistige Zwecke	konsumtive Zwecke
Feed-back	eher indirekt	eher direkt	eher indirekt	direkt
Medium	primär Massenkommunikation	Mischung aus persönlicher und Massenkommunikation	primär Massenkommunikation	persönliche Kommunikation

Zentrale kommunikationspolitische Instrumente (Quelle: Froböse, Michael/ Kaapke, Andreas: Marketing. Eine praxisorientierte Einführung mit Fallbeispielen. Frankfurt a.M./New York 2000, S. 258)

Im Rahmen dieses Buches ist es nicht möglich, auf alle Kommunikationsinstrumente einzugehen. Die Fachliteratur bietet hierzu sehr viele Informationen (s. Literaturverzeichnis). Die Konzentration erfolgt deshalb auf die Instrumente Werbung und Verkaufsförderung.

Mediawerbung, kurz Werbung (engl.: Advertising)

Wir wollen Werbung als ökonomisch motivierten Sonderfall der Kommunikation (vgl. Pietzcker 2003, S. 13) begreifen. Werbung ist damit wohl das auffälligste, aggressivste, das oft aufdringlichste aller Kommunikationsinstrumente.
Werbung will wahrgenommen, verstanden und internalisiert sein, Werbung ist der Imperativ der Kommunikation, Werbung sagt: „Kauf mich".
Worte wie „Creative Director", „Eye-Catcher" oder auch „Briefing" und viele andere mehr vermitteln uns eine eigene Sprache, ja eine eigene Lebens- und Berufskultur mit eigenen Fachzeitschriften und so genannten Lehrstühlen an den Hochschulen.

Werbung bedarf einer Strategie, sie muss innerhalb der Marketingstrategie ihren Platz finden. Das schlägt sich sehr konkret nieder in der Copy-Strategie. Hiermit ist die inhaltliche Konzeption der geplanten Werbemaßnahmen gemeint. Gleichzeitig dient die Copy-Strategie auch als Richtschnur zur Gestaltung der Werbebotschaft. Der Auftraggeber brieft seine Werbeagentur mittels einer ausformulierten Copy-Strategie. Sie hat mindestens die folgenden drei Punkte zu enthalten:

- Consumer Benefit: der Produktnutzen in Form eines Versprechens (die Produktvorteile)
- Reason Why: die Begründung für das Produktversprechen
- Tonality: der sog. Grundton, in dem zum Ausdruck kommt, wie die Werbebotschaft verpackt werden soll. Adjektive eignen sich hervorragend, um die Tonality auszudrücken, z.B. „vital", „elegant", „grandios" etc.

Das Ergebnis der Kreativen, die auf der Basis der ihnen vorgelegten Copy-Strategie kreativ werden, ist natürlich nicht eindeutig, weil die „Gebrauchsanweisung“ Spielräume lässt und der Kreativität Tür und Tor öffnet.

Das Thema Werbung hat viele Facetten. Wir wollen hier eher aus der betriebswirtschaftlichen Sicht Zugänge aufzeigen. Zur Vertiefung seien hier drei Titel empfohlen: Werbung aus der Sicht der Gestalter wird vertieft im Buch „Werbung texten“ von Dominik Pietzcker. Werbung in Form eines umfassenden und gut verständlichen Lehrbuchs wird für Studierende geboten im Buch „Werbung“ von Ingomar Kloss. Der Klassiker der Werbung schlechthin ist „Strategie und Technik der Werbung“ von Werner Kroeber-Riel u.a.

Auf den 1838 geborenen Warenhaus-Pionier John Wanamaker soll die folgende Aussage zurückgehen: „Ich weiß genau, dass die Hälfte meines Werbeetats zum Fenster hinausgeworfen ist. Leider weiß ich aber nicht, welche Hälfte.“ Diese Aussage führt uns zu der Frage, ob es Mittel und Wege gibt, Werbung so zu planen und zu steuern, dass sie nicht „verpufft“, sondern entsprechende Wirkungen zeigt.
Zur Lösung dieses Problems haben wir die Copy-Strategie bereits kennen gelernt, sie bildet den inhaltlichen Rahmen für den werblichen Auftritt eines Produktes. Der zweite Teil der Werbestrategie besteht in der Auswahl der Medien.
Sowohl die Werbemittel wie auch die Werbemedien bedürfen der Planung und Entscheidung. Während das Werbemittel die Ausdrucksform der Werbung darstellt, handelt es sich bei Werbemedien um Medien, von denen die Werbung getragen wird.
Das Plakat (Werbemittel) wird an der Litfaß-Säule (Werbemedium) angebracht.

Geht man von den Hauptzielen der Werbung aus, also der Erhaltung und Erhöhung des Bekanntheitsgrades und dem Aufbau und der Erhaltung des Produkt-Images, sind damit schon

Wann spricht man von Kommunikation?

Wenn A B eine Information mitgeteilt hat, die B verstanden hat, dann ist A der Verursacher der von B verstandenen Information.

Beispiel:
Die Verkäuferin ruft ihrem Reisekunden, der nach Buchung der Reise gerade zur Tür hinausgeht, zu: „Ihr Flugzeug fliegt in zwei Stunden ab."

Die Kommunikation realisiert sich erst, wenn diese von der Verkäuferin an ihren Kunden gegebene Information den Touristen veranlasst, zum Flughafen zu fahren, um das Flugzeug zu erreichen, erst dann hat er die Information verstanden.

Ohne Verstehen kann man nicht von Kommunikation sprechen.

Beispiel:
Wenn der Kunde als Reaktion anstatt zum Flughafen mit dem Bus zum Einkaufen fahren würde, so hätte keine Kommunikation stattgefunden, da der Kunde die Botschaft nicht verstanden hat.

Wir reden also von Kommunikation, wenn dreierlei gegeben ist:

1. es existiert eine Information
2. diese Information wird mitgeteilt
3. die mitgeteilte Information wird verstanden

Fehlt eines dieser Elemente (Information, Mitteilung, Verstehen), so handelt es sich nicht um Kommunikation.

Kommunikation ist somit keine einfache Wahrnehmung, sondern ein Produktions- und Reproduktions-, besser: ein Konstruktionsvorgang.

Daraus folgt:
Kommunikation ist ein Ereignis ohne Dauer. Kommunikation schafft ständig neue Sinngehalte. Kommunikation folgt auf Kommunikation, sie bildet den Kommunikationsprozess.

Warum ist Kommunikation ein unwahrscheinliches Ereignis?

1. Weil es unwahrscheinlich ist, dass die Mitteilung verstanden wird.
2. Weil es unwahrscheinlich ist, dass die Mitteilung den anderen überhaupt erreicht.
3. Weil es unwahrscheinlich ist, dass die Kommunikation überhaupt akzeptiert wird.

die Ziele für die Medienwahl gefunden. In einem ersten Schritt wird das Kernmedium festgelegt, dann die ergänzenden Medien.

Vor Beginn der konkreten Planung empfiehlt es sich jedoch, Vorentscheidungen zu wichtigen Aspekten zu treffen. Dazu zählen im Bereich Werbung beispielsweise die Fragen:

- Soll ein Produkt oder das Unternehmen beworben werden?
- Soll „kollektiv" oder allein geworben werden? (Kollektivwerbung, z.B. Sammelwerbung/Verbundwerbung, ist kostengünstiger.)
- Soll die Zielgruppe direkt oder indirekt angesprochen werden?
- Soll die Werbung einseitig oder zweiseitig stattfinden?

Dementsprechend könnte ein Händler in einer Kleinstadt entscheiden:
- Ich bewerbe lediglich das Produkt X aus meiner Produktpalette.
- Ich „verbinde" mich mit dem Hersteller Y, mit dem ich gemeinsam einen Werbeplan ausarbeite.
- Auf der Basis eines gemeinsamen Kundendatenbank soll direkt geworben werden.
- Die Adressaten sollen nicht nur einseitig informiert werden, sondern es soll versucht werden, jeden Kontakt aktiv weiterzuverfolgen, um einen langfristigen Kundendialog entstehen zu lassen.

Ein weiterer Gesichtspunkt zur Entwicklung einer Werbestrategie dreht sich um die formale Bestimmung der Zielgruppe. Ergenzinger/Thommen unterscheiden sechs Gruppen. Das Unterscheidungskriterium ist die Intensität der Werbewirkung. Da nur ein Teil der Gesamtzielgruppe erfasst werden kann, ergeben sich Streuverluste, die es zu minimieren gilt. Wer sich bezüglich der Zielgruppe keine Gedanken macht und etwa eine Volladressierung anstrebt, zeigt mit einem solchen Ansatz wenig Kostenbewusstsein.

Die Gruppen sind wie folgt bestimmt (nach Ergenzinger/Thommen 2001, S. 253):

- Werbeadressaten: Die eigentliche Zielgruppe, die mit der Werbung angesprochen werden soll.
- Werbeberührte: Die Gruppe, die mit der Werbung in Kontakt gekommen ist und somit von der Werbung erreicht worden ist.
- Werbebeeindruckte: Die Gruppe, welche die Werbung bewusst oder unbewusst wahrgenommen hat.
- Werbeerinnerer: Unter den Werbeberührten diejenigen, die sich an das Werbeobjekt und seine Eigenschaften auch zu einem späteren Zeitpunkt erinnern können (aktiv oder passiv).
- Werbeagierer: Unter den Werbebeeindruckten diejenigen, die das Werbeobjekt auch tatsächlich kaufen.
- Werbeweitervermittler: Von den Werbebeeindruckten diejenigen, die das Werbeobjekt selbst nicht kaufen (weil vielleicht kein Bedarf vorhanden ist), die Werbung jedoch weitervermitteln.

Nicht wegzudenken aus der Werbung ist der so genannte AIDA-Ansatz (auch AIDA-Formel genannt), ein Wirkungsphasenmodell, das die folgenden Phasen, die potenzielle Käufer durchlaufen, thematisiert:

A Attention (Aufmerksamkeit)
I Interest (Interesse)
D Desire (Wunsch)
A Action (Handeln)

Diese Formel amerikanischen Ursprungs, oft verworfen und ebenso oft wieder herangezogen, hat sich als erstaunlich beständig und hilfreich erwiesen, auch wenn sie sich manchmal in leicht abgeänderter Form darstellt. Nicht jeder Käufer muss alle vier Phasen durchlaufen, Sprünge sind möglich.

Zur Erfassung der Erfolgskontrolle der Werbung wird auf eine Vielzahl an Modellen zurückgegriffen, die oft sehr stark mathematisch ausgerichtet sind (s. Kloss 2003, S. 51 ff.).

Anhand des folgenden Modells ist es möglich, aufzuzeigen, ob Werbewirkung (Stil/Gestaltung) begründet angenommen werden kann. Das Werbewirksamkeits-Portfolio (vgl. Ergenzinger/Thommen 2001, S. 267) geht davon aus, dass die Werbebotschaft aktivierend ist und dass sich diese Aktivierung durch Emotionen erreichen lässt. Diese beiden Dimensionen (Emotion/Überzeugungskraft) bilden die Ordinate und Abzisse. Gewissermaßen handelt es sich um die Verbindung von Rationalität und Emotionalität, kognitiven und affektiven Elementen.

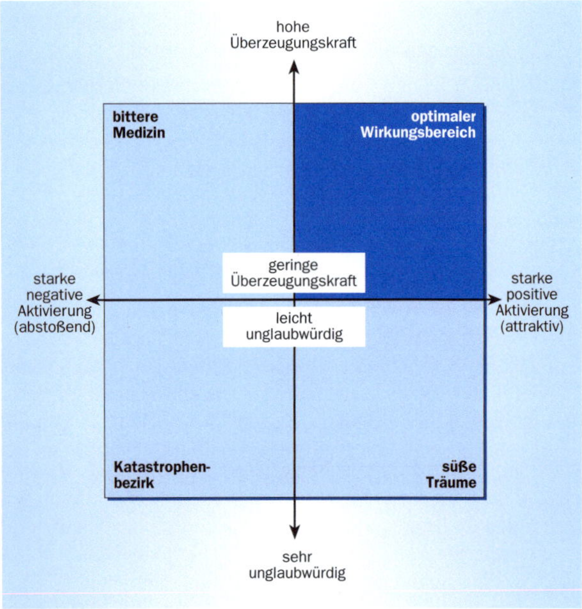

Werbewirksamkeits-Portfolio (Quelle: Schmitz, C. /Kölzer, B.: Einkaufsverhalten im Handel. Ansätze zu einer kundenorientierten Handelsmarketingplanung. München 1996, S. 303)

Aufgrund dieser Annahme wird als optimales Ergebnis derjenige Wirkungsbereich gewürdigt, der sowohl durch eine hohe Überzeugungskraft als auch durch eine starke Gefühlswirkung geprägt ist. „Katastrophal" wird hingegen die Wirkung sein, wenn die Werbung sowohl unglaubwürdig als auch stark negativ emotional besetzt ist.

Neben der Aktiviertheit und den Emotionen gibt es einen weiteren wichtigen persönlichen Einflussfaktor, mit dem Werbewirkungen erklärt werden: das Involvement (vgl. Uhe 2002, S. 19 ff.).

Involvement:

Inneres Engagement, mit dem sich eine Person einem Objekt widmet. Das Engagement kann sich sowohl in einem informationssuchenden als auch einem emotionalen Prozess realisieren.

Je höher das Involvement ist, desto informationsbereiter und -hungriger ist der Zuhörer für entsprechende Sachverhalte.

Informationen werden daher kaum beachtet, wenn es sich um ein für den Käufer unbedeutendes Produkt handelt, dessen Anbieter sich zudem kaum differenzieren hinsichtlich Preis, Produktbestandteilen usw. (z.B. Zucker oder Benzin). Hieraus wird deutlich, dass das Kaufverhalten stark abhängt von der Bedeutung (und damit gleichzeitig von der Beschäftigung mit dem Produkt) für den Käufer und von den Unterschieden zwischen den Produkten/Marken/Unternehmen.

Die Höhe des Involvements ist abhängig von:

- dem relativen Preis des Produktes (z.B. in % vom Einkommen),
- Langfristigkeit und Revidierbarkeit der Entscheidung,
- Kompliziertheit des Produktes, der Produktbestandteile,

- Häufigkeit des Kaufs (1 x täglich, 1 x im Leben),
- Risiken, die mit dem Produktkauf in Verbindung stehen (finanzielle, gesundheitliche oder soziale),
- Spiegelbild für die eigene Persönlichkeit.

Einflussfaktor	High-Involvement-Produkte	Low-Involvement-Produkte
Preis	Auto	Dosenmilch
Langfristigkeit	Haus	Eis
Kompliziertheit	Kapitalanlage	Bleistift
Häufigkeit des Produktkaufs	Haus	Erdnüsse
Risiken	Medikamente	Kaugummi
Spiegelbild der Persönlichkeit	Einrichtung	Benzinmarke

Beispiele für High- und Low-Involvement-Produkte (vgl. Uhe 2002, S. 20)

Daher sind die Convenience Goods den Low-Involvement-Produkten zuzurechnen, während die Shopping und Speciality Goods als High-Involvement-Produkte betrachtet werden. Sind die Unterschiede zwischen den Produkten und allen anderen Leistungsbestandteilen gering, so geht der Kaufprozess schnell und unkompliziert vonstatten, sind sie groß, dauert die Informationssuche und -verarbeitung länger. Je nach diesen Unterschieden gibt es folgendes Kaufverhalten:

	High-Involvement Kauf	Low-Involvement Kauf
Markengleichheit	Problemmindernder Kauf	Gewohnheitskauf
Markendifferenzierung	Komplexer Kauf (zeit- und informations-intensiver Kauf)	Wechselkauf

Arten des Kaufverhaltens (vgl. Uhe 2002, S. 21)

- Problemmindernder Kauf: Dissonanzmindernd; kaum Unterschiede zwischen den Marken, aber hohe Bedeutung für den Käufer. In diesem Fall erkundigt sich der Käufer intensiv über die Eigenschaften des Produktes, da es sich um ein für ihn wichtiges Produkt handelt. Er kauft dann sehr schnell, da er kaum Unterschiede zwischen den Marken vermutet.
- Gewohnheitskauf: Kaum Unterschiede zwischen den Marken und geringe Bedeutung für den Käufer. Der Käufer setzt sich mit dem Produkt, seinem Preis und dem Verkaufsort so gut wie gar nicht auseinander. Er kauft das Produkt da, wo er es gerade sieht oder wo er es seit x Jahren kauft. Hier ist das Herausstellen von Vorteilen unwichtig, da es kaum Einfluss auf den Kauf hat. Die Werbung lebt stark von der häufigen Wiederholung, um die Bekanntheit zu steigern (Anregung des konditionierten Verhaltens).
- Komplexer Kauf: Viele Unterschiede zwischen den Marken und bedeutend für den Käufer. Wichtig ist es hierbei, die wesentlichen Faktoren kennen zu lernen, die für den Käufer wichtig sind. Da es sich meistens um rationelle Tatbestände handelt (z.B. technische Daten bei einem PC, Zinsen und Gebühren bei einer Geldanlage), dominieren für die Werbung schriftliche Medien. Der Interessent kann seine Lesegeschwindigkeit selbst bestimmen und erinnert sich besser an die wichtigsten Leistungselemente bzw. kann sie wiederholt lesen. Ebenfalls müssen neben dem Käufer auch andere Personen überzeugt werden (Meinungsführer/Beeinflusser).
- Wechselkauf: Da Produktunterschiede bestehen, der Käufer aber nur ein begrenztes Interesse am Produkt hat, wechselt er häufig die Marke, sei es, um etwas Neues auszuprobieren, sei es, nur um Abwechslung zu „erleben". Der Marktführer wird hier versuchen, das gewohnheitsmäßige Verhalten zu fördern, seine Konkurrenten werden die Abwechslung in den Vordergrund stellen: Sonderverkäufe, Probierstände, zeitlich befristete Sonderpreise.

Die Betrachtungen haben gezeigt, wie werbestrategische Entscheidungen auf die Merkmale von Zielgruppen ausgerichtet werden können und wie sich beispielhaft und different die Richtung von Werbung bestimmen lässt.

Verkaufsförderung

Während die Werbung längerfristige Zielsetzungen verfolgt (Bekanntheitsgrad, Image, Einstellungsänderung), haben die Maßnahmen der Verkaufsförderung (engl. Sales Promotion) kurzfristigen Charakter. Die Aktionen am POS (Point of Sale) sind zeitlich begrenzt.

Verkaufsförderung:

Alle Maßnahmen, die direkt am Ort des Verkaufsgeschehens stattfinden und die den direkten, sofortigen Verkauf zum Ziel haben, z.B. Probierstände, Sonderverkaufsmaßnahmen oder die Darstellung der Nutzungsmöglichkeiten vor Ort.

Man unterscheidet:

- auf den Außendienst (Mitarbeiter des Herstellers) gerichtete Verkaufsförderung
- auf den Handel gerichtete Verkaufsförderung
- auf den Verbraucher gerichtete Verkaufsförderung

Kombinationen sind möglich: So wird die verbraucherbezogene Verkaufsförderung oft mit vom Händler ausgehenden Maßnahmen unterstützt.

Die Verkaufsförderung wird selten isoliert eingesetzt. Zumeist ist sie unterstützend zur klassischen Werbung tätig. In der Praxis finden sich auch Formen der Verkaufsförderung, die unterstützend zu anderen Marketinginstrumenten zu sehen sind. So werden preisorientierte und nicht-preisorientierte Verkaufsförderungsaktivitäten unterschieden, die einerseits mit dem Preis-Mix abzustimmen sind und andererseits Aktionen im Bereich der Kommunikationspolitik auslösen.

Im Rahmen der Verkaufsförderung können beim mehrstufigen Vertrieb im Wesentlichen zwei Hauptziele unterschieden werden:

- Förderung des Hineinverkaufs in den Handel und
- Förderung des Abverkaufs aus dem Handel.

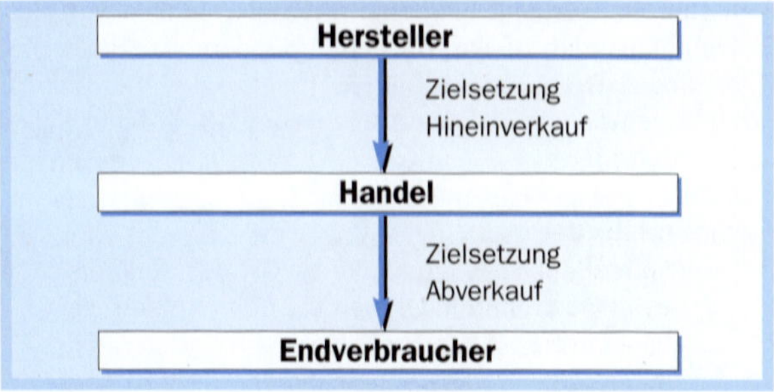

Hineinverkauf und Abverkauf beim mehrstufigen Vertrieb (Quelle: Schnettler/Wendt II 2003, S. 144)

Bezogen auf die jeweilige Ebene der Verkaufsförderung lassen sich weitere spezifischere Teilziele formulieren:

- Ziele auf Herstellerebene: Maßnahmen, die auf der Herstellerebene ansetzen, haben bei einem mehrstufigen Vertrieb immer das Ziel, den Hineinverkauf in den Handel zu unterstützen. Mögliche Unterziele auf der Herstellerebene sind:
  - Verstärkung der Motivation der Außendienstmitarbeiter,
  - Intensivierung der Außendienstaktivitäten,
  - Verbesserung der Produktkenntnisse der Außendienstmitarbeiter,
  - Verbesserung der Verkaufsfähigkeiten der Außendienstmitarbeiter.

- Ziele auf Handelsebene: Maßnahmen, die auf der Handelsebene ansetzen, können das Ziel haben, den Hineinverkauf

zu unterstützen, es kann aber auch angestrebt sein, den Abverkauf zu fördern. Beispiele für Unterziele auf der Handelsebene sind:
- Produktlistung erreichen,
- Vergrößerung der Bestellmengen,
- anderen Bestellrhythmus erreichen,
- Verbesserung der Produktplatzierung in den Verkaufsräumen,
- Zweitplatzierung erreichen.

◆ Ziele auf Endverbraucherebene: Maßnahmen auf Endverbraucherebene haben immer das Ziel, den Abverkauf aus dem Handel zu fördern. Beispiele für mögliche Ziele auf der Endverbraucherebene:
  - Erzielung von Probekäufen,
  - Wiederholungskäufe erreichen,
  - Impulskäufe anregen,
  - höhere Kaufmengen erreichen,
  - Kaufhäufigkeit erhöhen.

Auch bei den Maßnahmen ist es sinnvoll, zwischen den drei Ebenen der Verkaufsförderung zu differenzieren:

◆ Maßnahmen auf Herstellerebene (Staff-Promotion)

Auf dieser Ebene können vier Maßnahmengruppen unterschieden werden:
- Schulung: On-the-job-Training, Gruppenunterricht, programmierte Unterweisung
- Information: Haus- und Werkzeitschriften, Rundschreiben oder Newsletter, z.B. durch das Unternehmens-Intranet, persönliche Briefe/persönliches Gespräch, Konferenzen/Tagungen
- Stimulation: Verkaufswettbewerbe, Prämien, Provisionsstaffelung, nichtfinanzielle Anreize wie z.B. Verleihung von Titeln, Urkunden, Anstecknadeln
- Ausstattung: Salesfolder, Salesmanual, Produktmuster/Produktmodelle, Laptop, Angebotsmappen, Prospekte

- ◆ Maßnahmen auf Handelsebene (Trade-Promotion/Dealer-Promotion)

Bei Verkaufsförderungsmaßnahmen auf Handelsebene sollte danach unterschieden werden, ob der Hineinverkauf in den Handel gefördert werden soll oder der Handel beim Abverkauf der Produkte unterstützt werden soll.
Im Zusammenhang mit den Hineinverkaufsmaßnahmen (Sell-in-Maßnahmen) in den Handel lassen sich grundsätzlich zwei strategische Ansätze unterscheiden:

- Pull-Strategie: Durch eine massive Beeinflussung der Endverbraucher, z.B. durch Werbung, wird eine Endverbrauchernachfrage nach dem betreffenden Produkt im Handel erzeugt, wodurch der Handel gezwungen wird, das Produkt in sein Sortiment aufzunehmen.
- Push-Strategie: Hier setzt der Hersteller mit seinen Maßnahmen direkt beim Handel an und versucht diesen dazu zu bewegen, das Produkt zu listen bzw. zu bestellen.

Hineinverkaufsmaßnahmen können beispielsweise finanzielle Anreize (Einführungspreise/-rabatte, Sonderrabatte, Werbekostenzuschüsse), Anreize durch Leistungen des Herstellers (Übernahme der Regalpflege, attraktive Verkaufsdisplays, Dekorationen, Schulungen und Weiterbildungsmaßnahmen (produktbezogen oder allgemein), gemeinsame Werbe- und/ oder Promotionsaktionen) oder Informationen (Händlerkonferenzen, Händlerzeitschriften, Direktwerbung) sein.

Abverkaufsmaßnahmen (Sell-out-Maßnahmen) beziehen sich im Wesentlichen auf die Ausstattung, auf die Platzierung und auf Anreizmaßnahmen.

- ◆ Verkaufsförderungsmaßnahmen auf Endverbraucherebene (Consumer-Promotion)

Im Wesentlichen üblich sind hier

- Preismaßnahmen: Sonderpreise, Aktionspreise, Mehrstückpackungen mit reduziertem Stückpreis

Die Bedeutung der Platzierung

Der Ort, an dem eine Ware innerhalb einer Verkaufsstelle platziert ist, kann beträchtliche Auswirkungen auf ihren Abverkauf haben. Über den Zusammenhang zwischen Platzierung und Verkaufserfolg eines Artikels gibt es umfangreiche Untersuchungen.

Üblicherweise wird in diesem Zusammenhang unterschieden zwischen:

- Massenprodukten (Artikel, die der Kunde kaufen muss, z.B. lebensnotwendige Artikel),
- Magnetprodukten (Sonderangebote mit einem sensationell niedrigen Preis, sodass sie eine Magnetwirkung auf den Kunden ausüben) und
- Impulsprodukten (Produkte, die spontan gekauft werden, weil man sie im Laden sieht).

Impulsprodukte sollten in stark frequentierten Zonen platziert sein, da für diese Produkte häufig keine Kaufabsicht besteht und sie spontan gekauft werden.

Muss- und Magnetprodukte können an ungünstigeren Stellen im Laden platziert sein, da der Kunde vermutlich so lange sucht, bis er sie gefunden hat. Auch die vertikale Anordnung einer Ware im Verkaufsregal kann beträchtliche Auswirkungen auf den Abverkauf haben. Hier unterscheidet man meist die im folgenden Schema ausgewiesenen Zonen.

Vertikale Zonen bei der Verkaufsplatzierung

Reckzone	über 1,60 m
Sicht-/ Augenzone	über 1,20 m bis unter 1,60 m
Griffzone	über 0,80 m bis unter 1,20 m
Bückzone	bis 0,80 m

Die Sicht-/Augenzone ist in der Regel die verkaufsstärkste Zone, gefolgt von der Griffzone. Die Bück- und die Reckzonen sind dagegen ungünstig.

Artikel, bei denen Kinder einen starken Einfluss auf die Kaufentscheidung haben, sollten (aus Sicht der Verkaufsförderung) bevorzugt in den Bückzonen platziert werden.

Bei einer Zweitplatzierung wird die Ware außer in dem regulären Regalplatz zusätzlich noch an einer weiteren Stelle im Laden angeboten. Häufig handelt es sich hierbei um stark frequentierte Ladenzonen. Auch die zusätzliche Platzierung im Cross-Selling gehört dazu.

Man findet den Nussknacker im Supermarkt sowohl an der Wand für die Küchenutensilien als auch im unmittelbaren Verkaufsumfeld der Nusspackungen.

Für die Zweitplatzierung werden spezielle, meist aufmerksamkeitsfördernde Verkaufsdisplays verwendet.

- packungsbezogene Maßnahmen: Preisausschreiben auf der Packung, Geschenkpackungen (besonderes Design, besonderes Material etc.), Packungen mit Zweitnutzen, Sortimentspackungen
- Zugaben: Muster, Proben oder Werbegeschenke
- Aktionen: Game-Promotions (Preisausschreiben, Verlosungen etc.), Wettbewerbe, Produktdemonstrationen durch Propagandisten, POS-Show (attraktive Darbietungen am POS), Trading-up-Promotion (= Inzahlungnahme von gebrauchten Artikeln) Geld-zurück-Garantien etc.

Kurz gesagt: Bei der Verkaufsförderung geht es darum, die Ware zum Menschen zu bringen.

Bei der Werbung ist es umgekehrt: Hier wird der Mensch zur Ware gebracht (vgl. Froböse/Kaapke 200, S. 271).

Experten schätzen, dass Verkaufsförderungsmaßnahmen im Verhältnis zur Werbung stark zugenommen haben. In Verkaufsförderungsmaßnahmen würde gar mehr investiert als in Werbung. Offenbar ist von den Unternehmen erkannt worden, dass sich mit diesem Instrument in kurzer Zeit nachweisbare Erfolge erzielen lassen, die zu Umsatzsteigerungen führen.

Nicht verkannt werden darf jedoch, dass sich ein „Verkaufsförderungs-Aktionismus“ langfristig dann nicht auszahlt, wenn die Konkurrenz am POS immer abwechselnd auftritt und so Preis und Marke „kaputtgemacht werden“. Dem sollte entgegengewirkt werden, indem – wie bei der Werbung – Verkaufsförderung zunächst begrifflich und konzeptionell aus langfristiger Perspektive verstanden wird.
Wie bei der Werbung sollte das Hauptziel der Verkaufsförderung sein, sowohl das Image als auch den Bekanntheitsgrad zu verbessern. Das setzt voraus, dass das Instrument zielgenau geplant, realisiert und kontrolliert wird.

Das ausschließliche Anpeilen kurzfristiger Umsatzziele und der verstärkte Druck auf den Preis haben Sekundärzielcharakter und tragen nicht nachhaltig zur Verbesserung der Erlössituation bei.

2.5 Distributionspolitik/Vertriebspolitik

Wann ist ein DVD-Spieler kein DVD-Spieler? – Antwort: Wenn er gut verpackt bei Matsuhita in Japan am Lager steht, während er in München zum Abspielen einer DVD gebraucht wird.
So klar lässt sich die Bedeutung der Distribution illustrieren. Von ihr hängt es ab, dass die Produkte möglichst breit verfügbar und erhältlich sind, erst durch sie ergibt der Einsatz der anderen Marketinginstrumente einen Sinn.

Was verstehen wir unter Distributionspolitik?

Distribution ist der Prozess der physischen Weiterleitung von Gütern zwischen Wirtschaftspartnern (vgl. Bruhn/Homburg 2001, S. 153). Doch man kann Distribution auch zustandsorientiert begreifen, binär ausgedrückt: Ist da – ist nicht da. Dann geht es um die Erhältlichkeit des Produktes.

Distributionspolitik:
Entscheidungen und Tätigkeiten einer Organisation, die dazu dienen, das Ergebnis des Leistungsprozesses (Produkt) rechtzeitig an die Orte zu bringen, wo es von Kunden gekauft bzw. in Besitz genommen werden kann (vgl. Kuß 2002, S. 259).

Eine weitere interessante Möglichkeit sagt uns etwas über die Tätigkeit des Distribuierens, also den Prozess des Verteilens. Das ist der logistische Aspekt, das „Just-in-Time" (JiT):

Mit Hilfe geeigneter Instrumente die richtigen Teile an den richtigen Ort, in der richtigen Menge, zum richtigen Zeitpunkt und in der richtigen Qualität liefern.

Japan hat uns das durch Toyotas Distributionsgenie Taichi Ohno schon seit den 1950er Jahren gelehrt. Mit Hilfe der Distributionspolitik wollen wir das angebotene Produkt in ausreichender Verfügbarkeit am Markt präsent haben.

Vertriebspolitik ist mehr

Doch die zeitgemäße Auffassung von der Distributionspolitik im Marketing-Mix ist umfassender. Wie Homburg/Krohmer (2003, S. 700 f.) ausführen, geht es nicht darum, die verkaufslogistischen Fragen in den Vordergrund zu stellen, sondern das Vertriebssystem selbst, dessen Ausgestaltung und die Akquisition hervorzuheben.

Vertriebspolitik:

Die moderne Vertriebspolitik betrachtet die Distributionspolitik als ein Element. Ihre wesentlichen Entscheidungsfelder sind das Vertriebssystem, die Gestaltung der Beziehungen zu Vertriebspartnern und Key Accounts, die Gestaltung der Verkaufsaktivitäten und die Verkaufslogistik.

Plädiert wird dafür, Vertriebspolitik als umfassendes Entscheidungsfeld zu begreifen, in dem marktgerichtete akquisitorische Aktivitäten den Hauptschwerpunkt bilden und die vertriebslogistischen Aktivitäten (Distribution) hierauf aufbauend, also nachgeordnet erfolgen. Hier soll deshalb mehr von Vertrieb die Rede sein.

Wir haben es in der Vertriebspolitik konsequenterweise mit drei Systemebenen zu tun. Nach Bruhn hat die Vertriebspolitik folgende Basisentscheidungen zu treffen (vgl. Bruhn 2002, S. 249 f.):

- Vertriebssystemebene: Aufbau und Management von Vertriebssystemen als Gestaltung der Absatzwege bzw. der Absatzkanalstruktur
- Verkaufssystemebene: Einsatz von Verkaufsorganen als Frage der Auswahl, Steuerung und Motivation der mit dem persönlichen Verkauf zu betrauenden Personen
- Verkaufslogistikebene: Gestaltung der Logistiksysteme als Überbrückung von Raum und Zeit durch Transport, Lagerung und Auftragsabwicklung

Diese Systematisierung hebt einerseits die Bedeutung des Vertriebssystems klar hervor, andererseits ist aber auch erkennbar, dass hier strategische Grundfragen angesprochen sind, was bedeutet, dass die Vertriebspolitik kein reines Marketing-Mix-Thema ist.

Vertriebssystem:

„Auf die jeweilige Marktsituation, das jeweilige Produkt und die Möglichkeiten des anbietenden Unternehmens abgestimmte Konfiguration von Absatzwegen, Absatzmittlern und Hilfsmitteln der Logistik." (Kuß 2002, S. 259)

Die wesentlichen Aufgaben eines Vertriebssystems sind:

- Ausgleich zwischen Güterangebot (Hersteller) und Güternachfrage (Käufer)
- Verkaufsförderung
- Bestellfluss
- Güterfluss
- Eigentumsübergabe
- Geldfluss
- Risikoübernahme
- Informationsfluss

Alle Funktionen sind je nach Art des Produkts und des Unternehmens unterschiedlich stark ausgeprägt und auch nicht immer einheitlich auf die Partner verteilt. Welche Aufteilung (zwischen Produzenten und Vertriebspartner) am sinnvollsten ist, entscheidet sich neben der spezifischen eigenen Unternehmenssituation anhand der Prüfung, zu welchen Kosten und in welcher Zeit er die Funktion selbst erbringen könnte, und dem Vergleich dieser mit den Preisen der Vertriebspartner.

Die folgende Abbildung gibt einen Überblick über die verschiedenen Entscheidungsparameter im Rahmen der Vertriebspolitik.

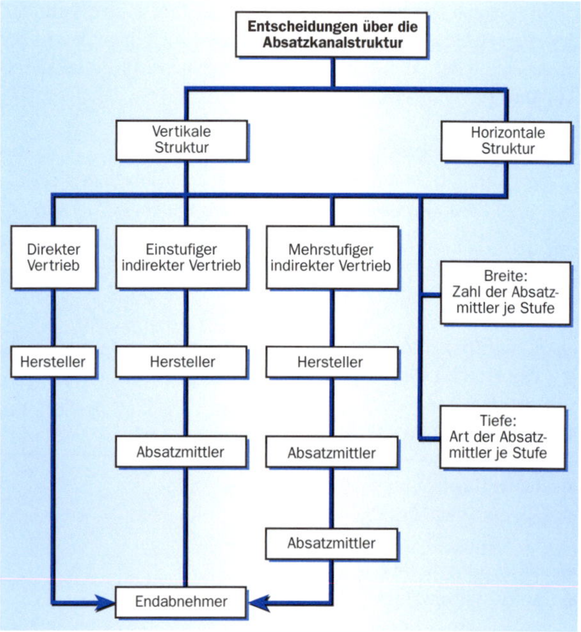

Entscheidungsparameter der Vertriebspolitik (Quelle: Teisman/Birker: Praktische Betriebswirtschaft. 4. Aufl., Berlin 2002, S. 389)

Direkter Vertrieb

Beim direkten Vertrieb verkauft der Hersteller direkt an den Endabnehmer ohne Einsatz unternehmensfremder Absatzorgane. Abgesehen von Sonderformen bieten sich zwei grundsätzliche Möglichkeiten:

- Das Unternehmen arbeitet mit Reisenden, die als Angestellte des Unternehmens die schon vorhandenen Kunden und auch potenzielle Kunden im Auftrag des Unternehmens aufsuchen. Sie führen beim Kunden die Verkaufsberatung durch, nehmen Bestellungen entgegen, bahnen Verkäufe an und/oder schließen Verkäufe ab und betreiben ganz allgemein die Kontaktpflege.
- Das Unternehmen betreibt Verkaufsniederlassungen als Verkaufsstellen des Herstellers, in denen er seine Produkte direkt verkaufen und potenzielle Kunden beraten kann.

Darüber hinaus existiert eine Reihe weiterer Formen des direkten Vertriebs, z.B. Katalogverkauf (klassischer Versandhandel), Vertrieb über Homepartys, Telefonverkauf (soweit rechtlich zulässig), Vertrieb über das Internet oder auch Teleshopping.

Direkter Vertrieb, Direktmarketing, Direktkommunikation etc. signalisieren auch, dass man es mit der Kundenbindung ernst nehmen will. Denn auf der Basis dieser Ansätze wird die Möglichkeit einer unmittelbaren Interaktion zwischen den Marktpartnern Anbieter und Endverbraucher eröffnet.

Indirekter Vertrieb

Indirekter Vertrieb hingegen liegt vor, wenn unternehmensfremde, rechtlich selbstständige Absatzmittler in die Vermarktungskette eingeschaltet werden, sie ist also mindestens zweigliedrig/zweistufig.

Der Großhandel kauft und verkauft Waren auf eigene Rechnung und im eigenen Namen.

- Der Einkauf erfolgt beim Hersteller oder anderen Großhändlern,
- der Verkauf erfolgt an den Einzelhandel, andere Großhändler, Weiterverwender, Großverbraucher.

Als Betriebsformen lassen sich unterscheiden: Binnengroßhändler (betätigt sich nur im Inland), Außenhändler (Ex-/Import), Sortimentsgroßhandel (breites, aber flaches Sortiment, meist Konsumgüter), Fachgroßhändler/Spezialgroßhändler (schmales, aber tiefes Sortiment), Cash-and-carry-Großhandel (Abholgroßhandel) und Rack-Jobber (Regalgroßhändler) – er mietet Regalflächen im Einzelhandel an und betreibt den Warenverkauf auf eigene Rechnung und eigenes Risiko.

Der Einzelhandel verkauft Waren an Endverbraucher. Dabei lassen sich zahlreiche Betriebsformen unterscheiden:

- Fachgeschäft
- Spezialgeschäft
- Fachmarkt
- Warenhaus
- Kaufhaus
- Versandhandel
- Supermarkt
- Verbrauchermarkt
- Discounter
- Einkaufszentrum (auch Mall)

Sonderformen des indirekten Vertriebs

Sonderformen des indirekten Vertriebs bilden die so genannten herstellergebundenen Absatzorgane. Hierbei behält der Hersteller trotz des indirekten Absatzes je nach Art der vertraglichen Bindung eine mehr oder weniger starke Kontrolle über den Absatzprozess. Man unterscheidet:

- Vertragshändler: Hier besteht eine vertragliche Bindung zwischen Hersteller und Händler, die auf Dauer angelegt ist. Der Händler verkauft in eigenem Namen auf eigene

Rechnung. Vertragliche Verpflichtungen des Händlers sind ausschließlich das Sortiment des Herstellers zu führen, die Preis- und Konditionenpolitik des Herstellers zu beachten und evtl. bestimmte Serviceleistungen zu erbringen und Lagerhaltung zu bieten. Der Hersteller unterstützt die Händler durch Werbung und Vkf-Maßnahmen, teilweise besteht auch Gebietsschutz.

- Franchising: Beim Franchising besteht eine enge vertragliche Bindung zwischen dem Hersteller (Franchisegeber) und dem Händler (Franchisenehmer), die auf Dauer angelegt ist. Der Franchisenehmer ist rechtlich selbstständig, aber sein Handeln wird durch die vertraglichen Regelungen entsprechend gesteuert. Der Franchisegeber stellt das Produkt, die Marke und das Absatz-/Verkaufskonzept zur Verfügung. Für die Leistungen des Franchisegebers muss der Franchisenehmer eine Gebühr an diesen zahlen.

- Handelsvertreter: Handelsvertreter sind selbstständige Gewerbetreibende, die für ein anderes Unternehmen in dessen Namen Geschäfte abschließen oder vermitteln. Die vertragliche Bindung ist auf Dauer angelegt. Die Vergütung erfolgt in der Regel über Provisionen, teilweise mit einem Fixum verbunden.

- Kommissionär: Kommissionäre sind selbstständige Gewerbetreibende, die jedoch – im Gegensatz zum Handelsvertreter – im eigenen Namen für Rechnung ihres Auftraggebers Waren verkaufen. Der Vergütung erfolgt meist auf Provisionsbasis.

- Makler: Sie sind selbstständige Gewerbetreibende, die Geschäfte vermitteln. Makler müssen die Interessen beider Seiten wahren. Sie bekommen für ihre Tätigkeit eine Provision (Maklergebühr). Es besteht in der Regel keine dauerhafte vertragliche Bindung.

Die Auswahl von Vertriebssystemen wird in jedem Unternehmen grundsätzlich im Hinblick auf die strategischen Marketingziele getroffen.

Das Unternehmen entscheidet sich für die Absatzkanäle, mit denen die Ziele am erfolgversprechendsten realisiert werden können. Es ist jedoch nicht völlig frei, sondern muss Randbedingungen beachten. Im Einzelnen müssen sich Auswahl und Bewertung an verschiedenen eingrenzenden Kriterien orientieren wie zum Beispiel

- Vertriebskosten,
- Einflussmöglichkeiten des Herstellers,
- Produkteigenschaften,
- Beratungsbedarf,
- Servicebedarf,
- Kaufgewohnheiten der Zielpersonen,
- Image der Vertriebsform,
- Vertriebsformen und Vertriebskanäle der Hauptkonkurrenten.

Die Bewertung kann detailliert mithilfe bestimmter Techniken erfolgen. Mögliche Beispiele hierfür sind Punktbewertungsverfahren, Portfolioanalysen und Wirtschaftlichkeits- und Investitionsrechnungsverfahren.

Onlinevertrieb

In den letzten Jahren setzt sich mehr und mehr der Onlinevertrieb durch. Er taucht in der Praxis unter Bezeichnungen wie E-Commerce, E-Business und Internet-Commerce auf. Im Deutschen wird oft synonym von Internet-Handel oder digitalem Handel gesprochen.

In den Organisationen hat sich bisher kein einheitliches Grundverständnis hierfür durchgesetzt. Weitgehend bestimmt die Firma IBM „E-Business“ als Internet-unterstützte Geschäftsabwicklung, vom Personalmanagement über das Marketing bis zur Unternehmensstrategie.

Wir wollen hier im Rahmen des Marketing-Mix Onlinevertrieb kurz als die Vertriebsform bezeichnen, bei der die Produkte über das Internet und andere digitale Medien vertrieben werden. Onlinemarketing ist folglich der übergreifende Begriff, dem dann wieder im klassischen Sinne die Ps in spezieller Form zuzuordnen sind.

Einen wesentlichen Vorteil des Onlinevertriebs haben Firmen wie Dell und viele andere im PC-Hard- und Software-Bereich bekannte Unternehmen erkannt und ausgenutzt: die Verkürzung der Absatzwege unter teilweise völliger Ausschaltung des Handels.

Die Geschäfts- und Vertriebsmodelle dieser Unternehmen basieren denn auch auf den Grundprinzipien des Relationship Marketings. Hier ist One-to-One-Marketing nicht nur möglich, sondern auf ihm beruht die Geschäftsidee.

In den meisten Firmen ist der Onlinevertrieb heute eine zunehmend genutzte Vertriebsform. Die Gründe sind nicht nur unternehmensintern zu sehen (Ressourcen-Freistellung, um sich stärker auf den Onlinevertrieb zu konzentrieren), sondern hängen mit der allgemeinen Entwicklung zusammen, die die Entscheider zwingt, die folgenden Fragen zu beantworten:

- Werden die PCs weiter an Bedeutung gewinnen und wird es gelingen, interaktive Software derart komfortabel zu gestalten, dass bei den Kunden Bedürfnisse über dieses Medium geweckt werden können?
- Wird die Gewöhnung an die Web-Technologien zunehmen?
- Wird die Verbesserung der Infrastruktur im Bereich der Telekommunikation die Nutzung erhöhen?

- Wird es gelingen, akzeptable Sicherheitsstandards zu implementieren, und werden auch die Bedenken hinsichtlich der Sicherheit im Internet abnehmen?

Die hinter diesen Fragen steckenden Probleme werden zunehmend gelöst, deshalb sollte jede Organisation spätestens heute Anstrengungen unternehmen, ein Onlinemarketing zu entwickeln und zu etablieren.

> Aus all dem folgt: Der Erfolg hängt von der Anzahl der Online-Nutzer ab und deren Akzeptanz gegenüber dem Onlinevertrieb.

Diese Akzeptanz ist eher mit Instrumenten der Pull-Kommunikation als mit solchen der Push-Kommunikation zu erreichen (vgl. Kommunikationspolitik).

Die zunehmende Bedeutung der elektronischen Geschäftsprozesse in der Net Economy macht es erforderlich, den Onlinevertrieb systematisch in das Internetmarketing und seine Geschäftsmodelle einzubinden. In Kapitel 4 wird dieser Ansatz verfolgt.

Auf den Punkt gebracht:

- Die vier Instrumentalbereiche des klassischen Marketings sind: Produktpolitik, Preispolitik, Kommunikationspolitik und Distributionspolitik
- Produktpolitik ist das Ergebnis aller Entscheidungen, die sich auf die Gestaltung bestehender und zukünftiger Produkte eines Unternehmens beziehen
- Produktpolitische Instrumente sind z.B. Produktinnovation, -verbesserung, -differenzierung, Markierung, Namensgebung, Serviceleistungen, Sortimentsplanung, Verpackung
- Die Preispolitik umfasst alle Entscheidungen in Bezug auf das vom Kunden für ein Produkt zu entrichtende Entgelt (Preis)
- Preispolitische Instrumente sind z.B. Entscheidungen über Rabatte, Skonti/Boni, Zahlungsbedingungen
- In der Kommunkationspolitik werden Informationen und Bedeutungsinhalte an ausgewählte Zielgruppen mit dem Ziel der Beeinflussung der Kaufentscheidung übermittelt
- Kommunikationspolitische Instrumente sind z.B: Werbung, Verkaufsförderung, Public Relations und persönlicher Verkauf
- Die Distributionspolitik umfasst alle Entscheidungen und Tätigkeiten einer Organisation, die dazu dienen, das Ergebnis des Leistungsprozesses (Produkt) rechtzeitig an die Orte zu bringen, an denen es von Kunden gekauft bzw. in Besitz genommen werden kann
- Mit dem Vertriebssystem sollen folgende Aufgaben erreicht werden: Ausgleich zwischen Angebot und Nachfrage, Bestellfluss, Risikoübernahme, Informationsfluss
- Eine zunehmend wichtige Rolle spielt die Implementierung von Onlinevertriebssystemen, weshalb eine Erweiterung zum Internetmarketing notwendig ist

3 Die drei neuen Ps des Marketings

„Wenn Paradigmata in eine Debatte über die Wahl eines Paradigmas eintreten – und sie müssen es ja –, dann ist ihre Rolle notwendigerweise zirkulär." (Thomas S. Kuhn 1999)

Wie schon erwähnt befinden sich die Denkansätze des Marketings derzeit in einer Umbruchphase. Es kommen deutliche Signale aus der Praxis, die sowohl im Dienstleistungsmarketing als auch im Customer Relationship Marketing und auch im Online-Marketing Ansätze entwickelt hat, die den Problemlagen entsprechen. So sind völlig neue Teilbranchen und Arbeitsmärkte wie der Call-Center-Bereich entstanden, in denen das Transaktionsmarketing nur marginal zum Zuge kommt.
Allerdings können die dort entwickelten Praxiskonzepte keine Allgemeingültigkeit beanspruchen. Wenn es keine scharfe Trennung zwischen Wissenschaft und alltäglicher Erkenntnis gibt (vgl. Bachelard 1988), dann müssen die Konzepte der Praxis in die Wissenschaft, also in die Marketingwissenschaft, einfließen können.

3.1 Begründungen für die drei neuen Ps

Schaut man sich die in Kap. 1.3 bereits eingeführten drei neuen Ps an und prüft deren Herkunft, so wird man unweigerlich an moderne Modelle des Qualitätsmanagements erinnert, die das Thema Business Excellence (BE) thematisieren. Bei Christian Malorny, dem McKinsey-Berater, heißt es beispielsweise kurz (Malorny 2001, S. 73):

- Mitarbeiter – Mitarbeiterentwicklung
- Prozesse – Prozessstrukturierte Organisation

Das ist nichts anderes als dass, was in den neuen „Ps" nahe gelegt wird:

- ◆ Personnel (Personalpolitik): Damit ist sowohl das eine Dienstleistung erstellende Personal als auch die betroffene aktiv handelnde Person gemeint (z.B. Zahnarzt/Patient).
- ◆ Process (Prozesspolitik): Damit ist der Herstellungsprozess, also die Dienstleistungsproduktion, gemeint (z.B. Patientenbeteiligung bei der Behandlung).

Im BE-Konzept Malornys wird die Allgemeingültigkeit hervorgehoben, was bedeutet, dass die beiden Instrumente auch unabhängig vom Dienstleistungsmarketing gedacht werden können.

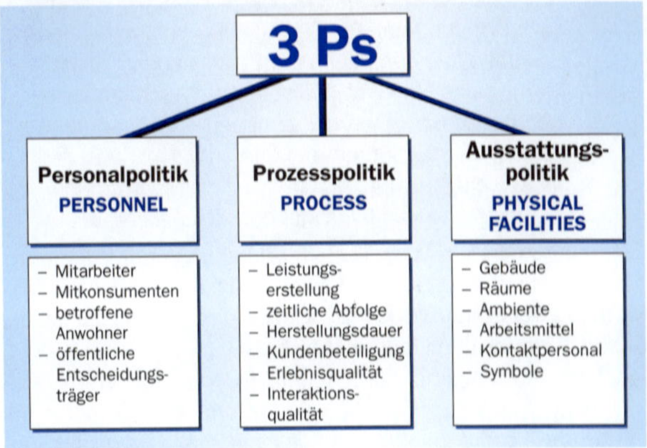

Instrumentalbereiche der 3 Ps

Das dritte P wird aus den Besonderheiten der Dienstleistungserbringung abgeleitet:

- ◆ Physical facilities (Ausstattungspolitik): Damit ist das Erscheinungsbild des Produktionsortes, des Dienstleistungspersonals und der zur Erstellung notwendigen materiellen Hilfsmittel gemeint (z.B. Ambiente, Arbeitsmittel).

Mit dem Mixbereich dieser drei neuen Ps sind die Voraussetzungen genannt, die erforderlich sind, um einen Customer-Relationship-Marketing-Ansatz zu verfolgen, der sich nach Gummesson kurz wie folgt bestimmt: „Relationship-Marketing ist Marketing, betrachtet als ein Geflecht von Beziehungen, Netzwerken und Interaktion" (Gummesson 1997, S. 20).
Diese Ausführungen beziehen sich jedoch auf eine umfangreichere Definition des Customer Relationship Marketing, die auf Bruhn basiert.

Customer Relationship Marketing:

„Kundenorientierte Ausrichtung der marktorientierten Unternehmensführung, bei der sämtliche Maßnahmen der Analyse, Planung, Durchführung und Kontrolle, die der Initiierung, Stabilisierung, Intensivierung und Wiederaufnahme von Geschäftsbeziehungen zu den Anspruchsgruppen – insbesondere Kunden – des Unternehmens mit dem Ziel des gegenseitigen Nutzens dienen, im Zentrum des Denkens und Handelns stehen." (Bruhn 2001, S. 9)

Von den Befürwortern der Erweiterung des Marketing-Mix werden zwei Fixpunkte immer wieder vorgebracht, die um die Begriffe Kunde und Qualität kreisen:

- Die Verschärfung der Qualitätsforderungen ergibt sich nicht, weil beispielsweise Produzenten ihre Forderungen an die Produktqualität immer mehr präzisieren und „höherschrauben", sondern weil die Qualität wesentlich von den sich im permanenten Wandel begriffenen Kundenforderungen bestimmt wird.
- Generalisierend wird ein weiter Kundenbegriff angenommen, der nicht nur den Endkunden meint, sondern alle Partner am Markt, die Stakeholder. Folgerichtig kommt es auf die Prozesse und die Personen (Mitarbeiter) an, die diese Netzwerke und Beziehungsgeflechte konstituieren.

Der damit verbundene Wandel ist insbesondere im Dienstleistungsbereich spürbar. Einen Handlungsrahmen für die Praxis zu den übergeordneten Dimensionen, welche die vom Kunden geforderte Dienstleistungsqualität bestimmen, haben Parasuraman u.a. vorgelegt (1985, S. 48):

- Einhaltung des Leistungsverprechens
- Leistungswillen des Anbieters
- Kompetenz des Anbieters
- Erreichbarkeit des Anbieters
- Höflichkeit, Freundlichkeit und Erscheinungsbild der Mitarbeiter
- Kommunikation, den Kunden informieren
- Glaubwürdigkeit, Seriosität des Anbieters
- Physische und finanzielle Sicherheit
- Den Kunden und seine individuellen Forderungen verstehen und berücksichtigen
- Stoffliche Surrogate, Materielles

Dieser Forderungskatalog verdeutlich sehr gut die zentrale Bedeutung, die den Mitarbeitern zukommt. Letztendlich – so wird angenommen – besteht ein enger Zusammenhang zwischen Mitarbeiter- und Kundenzufriedenheit. Da Kundenzufriedenheit eine Schlüsselvariable für Kundenbindung darstellt, ergibt sich aus dieser Kausalkette ein bestimmender Faktor für den Unternehmenserfolg schlechthin.

3.2 Personalpolitik – Mitarbeiterorientierung

Die Einbindung der Mitarbeiter ist von entscheidender Bedeutung für die Marketingleistung der Organisation.

Der Instrumentalbereich Personalpolitik im Marketing kann nur erfolgreich sein, wenn alle Mitarbeiter eingebunden werden, denn alle Mitarbeiter wirken am Erfolg der Organisation mit. Dabei wird Mitarbeiterbeteiligung nicht als reiner Humanisierungsansatz verstanden, sondern als Instrument zum Nutzen des Unternehmens und des einzelnen Mitarbeiters zur Ausfüllung seiner Rolle in der Organisation.

Eine breite Anwendbarkeit hat inzwischen das sog. EFQM-Modell (benannt nach der „European Foundation for Quality Management" – einer europäischen Organisation, die von führenden europäischen Unternehmen getragen wird) erfahren, in dem die Mitarbeiterorientierung als einer der Kernbausteine aufgenommen ist, der beste Ergebnisse (Schlüsselleistungen) erzielen lässt.

In diesem Modell werden alle organisatorischen Aktivitäten betrachtet, die geeignet sind, das Potenzial der Mitarbeiter freizusetzen und die Geschäftstätigkeit ständig zu verbessern. Allen Mitarbeitern ist die entsprechende Aufmerksamkeit entgegenzubringen. Es müssen ganzheitliche Konzepte der Mitarbeiterführung erarbeitet, systematisiert und ständig verbessert werden. Die EFQM differenziert die Mitarbeiterorientierung folgendermaßen (vgl. Radtke/Wilmes 2000, S. 29 ff.):

- Mitarbeiterressourcen werden geplant, gemanagt und verbessert.
- Das Wissen und die Kompetenz der Mitarbeiter werden ermittelt, ausgebaut und aufrechterhalten.
- Mitarbeiter sind beteiligt und zu selbstständigem Handeln ermächtigt.
- Mitarbeiter und Organisation führen einen Dialog.
- Mitarbeiter werden belohnt und anerkannt.

In vielen Organisationen ist versucht worden, das Konzept des Empowerment umzusetzen, um die Mitarbeiterorientierung zu verstärken.

Empowerment:

Übertragung von Kompetenzen und Aufgaben, die früher den Führungskräften vorbehalten waren, an Mitarbeiter im Kundenkontakt. Empowerment ermöglicht nicht nur die Steigerung der Mitarbeiterzufriedenheit, sondern auch der Kundenzufriedenheit und erhöht zugleich die Kundenbindung.

Das Führungskonzept Empowerment beruht auf der Erkenntnis, dass diejenigen Personen, die direkt mit dem (Kunden-) Problem konfrontiert sind, dieses Problem auch am besten kennen und demzufolge auch die möglichen Lösungen am besten beurteilen können. Damit diese „Experten" das Problem unmittelbar lösen können, erhalten sie einen Rahmen, in dem sie ihre Entscheidungen fällen können.
Zur Umsetzung des Empowerments haben Blanchard u.a. einen Strategieleitfaden entwickelt, der auch für die Zwecke der Personalpolitik hilfreich ist. Drei entscheidende Ansätze lauten (Blanchard 1999, S. 26):

- Jeder muss Zugang zu allen Informationen haben.
- Schaffen Sie Autonomie durch Abgrenzung.
- Ersetzen Sie die alte Hierarchie durch Teams, die sich selbst steuern.

3.3 Prozesspolitik – Prozessmanagement

Im Dienstleistungsmanagement spricht man oft auch von Service Operations. Gemeint ist eine Ausrichtung der Organisation auf Prozesse. Der Prozess ist ein System von Tätigkeiten, das ausgehend von Ereignissen (z.B. der Anruf eines Kunden) Eingaben in Ergebnisse umgestaltet. Gemeint sind hier alle organisatorischen Prozesse, also auch die Marketingprozesse.
Da Dienstleistungen prozesshaft an der Schnittstelle zwischen Lieferant und Kunde durch die Mitarbeiter erbracht werden, kommt der angemessenen Gestaltung der Prozesse zentrale Bedeutung zu.

Bei Organisationen, die prozesshaft gestaltet sind, ist zu erkennen, dass der Kunde im Zentrum ihres Handelns steht.

Demnach stehen in einer kundenorientierten Organisation Prozesse und nicht Funktionen oder Abteilungen im Mittelpunkt und wirken als Katalysator zwischen Input und Output. Im Vordergrund stehen Maßnahmen zur kontinuierliche Identifikation, Führung und Regelung der kundenorientierten Geschäftsprozesse sowie zur Umsetzung von Kreativität und Innovationen.

Die EFQM differenziert die Prozesspolitik – ebenso wie die Personalpolitik – weiter (vgl. Radtke/Wilmes 2000, S. 29 ff.):

- Prozesse werden systematisch gestaltet und gemanagt.
- Prozesse werden wenn nötig verbessert, wobei Innovation eingesetzt wird, um Kunden und andere Interessengruppen vollumfänglich zufriedenzustellen und die Wertschöpfung für diese zu steigern.
- Produkte und Dienstleistungen werden anhand der Bedürfnisse und Erwartungen der Kunden entworfen und entwickelt.
- Produkte und Dienstleistungen werden hergestellt, geliefert und gewartet.
- Kundenbeziehungen werden gemanagt und vertieft.

Der Prozess des Wartens spielt in vielen Dienstleistungsbereichen eine zentrale Rolle. Sabine Haller (2002, S. 239 f.) hat z.B. festgestellt:

- Unbeschäftigte Wartezeit wird als länger empfunden als beschäftigte. Ablenkungen dienen dazu, dass die Wartezeit als interessanter empfunden wird und mehr zur Kundenzufriedenheit beiträgt.
- Ungewisse Wartezeiten werden als länger als begrenzte empfunden.
- Unfaires Warten wird als länger empfunden als faires.
- Warten unter Zeitdruck wird als länger empfunden.

Unter Rückgriff auf Ergebnisse aus Forschung und Praxis lohnt es sich nun aus der Sicht des Dienstleistungsmarketings, im Rahmen der Prozessorientierung ein Warteschlangenmanagement zur Minimierung der Wartezeiten zu entwickeln. In Kapitel 4 wird der Prozess als zentraler Mixbereich im Internetmarketing eingeführt.

3.4 Ausstattungspolitik – Service Design

Das systematische Kreieren von Dienstleistungen hat auch seine materielle Komponente, die starken Einfluss auf die psychischen Bereiche der Dienstleistungsproduktion hat. Im Dienstleistungsmanagement entwickelt man solche Prozesse mit Vorgehensmodellen des Service Engineerings.

Ist mittels solcher Modelle ein Design entwickelt worden, so wird es in der Folge implementiert und Bestandteil der zu erbringenden Dienstleistung, also des Dienstleistungsprozesses.

Man hat erst seit einigen Jahren erkannt, dass Konstruktion und Entwicklung von Räumen, Ambiente, technischen Systemen wesentlich zum Aufgabenfeld des Marketings gehören sollten.

Man denke nur an Empfangsbereiche, die u.a. von Architekten, Designern und Ingenieuren, manchmal auch Psychologen geplant und entwickelt werden.

Die Sicht des Marketings ist dabei umfassender, indem der gesamte in die materielle Umwelt eingebettete Dienstleistungsprozess gesehen und bis über die Implementierung hinaus begleitet wird. Hier ergeben sich Schnittstellen zu den anderen Ps, insbesondere zur Kommunikationspolitik, aber auch zur Produktpolitik. Ein Marketingberater spricht hierzu: „Mit unserem ersten System E-Portal definieren wir den Bereich Bürozugang völlig neu, indem wir Aspekte wie beispielsweise Kommunikation und Orientierung integrieren und somit Systemkomfort mit Human Touch auf faszinierende Weise verbinden. E-Portal ist ein innovatives Zugangssystem, das Zutrittsconvenience, Vertraulichkeit und Kommunikationsvorteile mit hochwertigem zeitgemäßen Design kombiniert. Die Systembenefits erstrecken sich jedoch über die eigentliche Systemleistung hinaus: Von der Planung, Installation und Inbetriebnahme sowohl von mechanischen als auch elektronischen Komponenten bis hin zur Wartung derselben liegt die gesamte Koordination und Ausführung in einer Hand." (Marti 2003, S. 236)

Die Methodik des Service-Engineering-Prozesses (SEP) folgt einem Vorgehensmodell, das wie folgt beschrieben werden kann (in Anlehnung an Haller 2002, S. 76 ff.):

- Ideenfindung und -bewertung: In dieser Phase werden Methoden und Instrumente zur systematischen Ideenfindung entwickelt und eingesetzt. Außerdem sind Wirtschaftlichkeitsüberlegungen anzustellen.
- Forderungen ermitteln und bewerten: In dieser Phase sind die Forderungen der Zielgruppe zu identifizieren, zu expli-

zieren, die von der Zielgruppe erwartet werden. Kunden sollten in den Kreationsprozess als Co-Designer einbezogen werden.

- Konzept entwickeln, evaluieren und auswählen: Zentrale Phase, in der die Merkmale der zu entwickelnden Leistungen den Bedürfnissen der Zielgruppe gegenübergestellt werden.
- Prozessdesign: In dieser Phase wird das Prozessdesign mit allen Dimensionen entwickelt.
- Servicescapes: Notwendig ist in dieser Phase der systematische Einbezug der Umwelt. Das Zusammenspiel der Wirkungen der materiellen Leistungskomponenten und der Dienstleistung ist aufeinander abzustimmen.
- Implementierung: Für diese Phase bedarf es eines Extrakonzeptes, einer Implementierungsstrategie. Es empfiehlt sich, hier eine Pilotphase einzuschalten und danach die Umsetzung kontrolliert durchzuführen.
- Redesign: Mit der Implementierung ist der SEP noch nicht abgeschlossen. In der Redesignphase geht es darum, Fehler und Schwachstellen zu erkennen. Es ist gewissermaßen die Verbesserungsphase, die wieder an den Anfang des Prozesses zurückführt. Damit beginnt der Kreislauf erneut, ganz im Sinne eines kontinuierlichen Verbesserungsprozesses (KVP).

3.5 Die drei neuen Ps verankern

Grundsätzlich haben wir Marketing als „marktorientierte Unternehmensführung" verstanden (vgl. Zollondz 2008, Kap. 1). Dieses Verständnis liegt auch dem Buch „Marketing-Mix" zugrunde. Die Umsetzung der Unternehmensführungsphilosophie, die ja das Marketing darstellt, kann also nicht Aufgabe einer einzelnen Abteilung oder organisatorischen Einheit sein, sondern hat sich in allen Abteilungen und Prozessen einzustellen – das gilt sowohl für die traditionelle Sicht des Marketings, wie sie sich im operativen Teil der 4 Ps widerspiegelt, als auch für die Erweiterung durch die 3 Ps.

„Marketing first!" und „Marketing is everybody's job!" sind die Slogans, die das im Englischen ausdrücken.
Bei einer Gesamtbetrachtung der drei neuen Ps erscheint es also zweckmäßig, sie auf die gesamte Organisation auszurichten. Es ist offensichtlich, dass gerade „personnel" und „process" fest in den Kernbereichen von Personal-, Produktions- und Organisationsabteilungen angesiedelt sind. Dennoch muss hier die besondere Perspektive des Marketingmanagers zum Zuge kommen, der immer den Bezug zum Kunden („voice of the customer") herstellt, sei es in der Produktentwicklung oder im Zuge der Leistungserbringung, eben deshalb heißt es ja auch Relationship Marketing.
Um die „Stimme des Kunden" übergreifend verankern zu können, müssen Schranken, die durch die hierarchische Organisationsform entstanden sind, abgebaut werden. Das gelingt durch gezielte Prozessgestaltung. Insofern steht von den drei neuen Ps die Prozesspolitik im Zentrum. Sie bildet den Schlüssel für alles Weitere.
Mithilfe des Prozess-Designs muss die Ausführung der Tätigkeiten mit dem Ziel der Kundenzufriedenheit gewährleistet werden.
Problemlösungen für den Kunden können nur erbracht oder gar übertroffen werden, wenn die folgenden neun Prozess-Spezifikationen beachtet werden:

- Festlegung der Problemlösungen, die für die Kunden erbracht werden sollen.
- Alle Aufgaben und Tätigkeiten im Rahmen der unterschiedlichen Prozesse bestimmen.
- Mitarbeiter und Systeme, die diese Aufgaben durchführen, benennen.
- Festlegen, wie die Aufgaben ausgeführt werden (Routinen, Automatismen, manuell).
- Durchschnittliche Leistungen (im Rahmen normaler Einflussbedingungen) definieren.
- Festlegen der variablen Leistungen, die unter normalen Bedingungen erwartet werden können.

- Bestimmung besonderer Aufgaben und Tätigkeiten, die zu erbringen sind
- Benennung der Forderungen an die materielle Umwelt/die Systeme, die die Ausführung unterstützen
- Die aufbereiteten Daten jedem am Prozess Beteiligten zur Verfügung stellen (im Sinne des Wissensmanagements)

Diese Prozess-Spezifikationen zeigen bereits, dass es nicht um die klassische Stellenbeschreibung gehen kann, sondern um am Kundennutzen ausgerichtete Prozessgestaltungen, die voraussetzen, bestimmte Forderungen festzulegen.

Doch ohne den flexiblen Mitarbeiter, der – insbesondere in Dienstleistungsorganisationen – über die ständigen Interaktionsbeziehungen zum Kunden hohe Verantwortung für den dauerhaften Unternehmenserfolg trägt, lassen sich diese Forderungen nicht umsetzen.

Mit dem Konzept des internen Marketings, bei dem es um die planmäßige Gestaltung von Austauschbeziehungen innerhalb der Organisation geht, hat das Marketing bereits in den 1980er Jahren reagiert. Ihm liegt die Zielsetzung zugrunde, die Werte und Normen der Mitarbeiter zu verändern. Mit personalbezogenen Methoden, wie sie in Ansätzen zur Gestaltung der Unternehmenskultur entwickelt wurden, ließe sich – so die Vertreter dieser Richtung – eine kundenorientierte Mitarbeiterkultur schaffen, deren zentrale Elemente Eigenverantwortlichkeit, Veränderungsbereitschaft, Flexibilität im Denken und Handeln, Kreativität und Innovationsfähigkeit sind.

Gelingen kann dies jedoch nur, wenn die Vorbildfunktion, das Commitment, der Führungskräfte durch die führungs- und personalpolitischen Maßnahmen unterstützt wird. Als Grundaxiom in der Personalpolitik und Mitarbeiterführung gilt:

> Zwischen einer vorgelebten Dienstleistungs-, Marketing-, oder Qualitätsorientierung des Managements und der Mitarbeiterzufriedenheit und -motivation besteht ein enger positiver Zusammenhang.

Auf den Punkt gebracht:

- Im Rahmen des klassischen Marketings mit den vier klassischen Mixbereichen ist es nicht möglich, systematisch eine kundenorientierte Ausrichtung der Unternehmensführung zu erreichen. Hier setzt das Customer Relationship Marketing an, indem es den transaktionsorientierten Marketingansatz weiterentwickelt.
- Insbesondere im Dienstleistungsbereich hat man auf der operativen Ebene damit begonnen, den Marketing-Mix um drei neue Ps zu ergänzen: Personnel, Process und Physical facilities
- Personnel (Personalpolitik): betrifft sowohl das eine Dienstleistung erstellende Personal als auch die empfangende Person (z.B. Zahnarzt/Patient)
- Process (Prozesspolitik): betrifft den Herstellungsprozess, also die Dienstleistungsproduktion (z.B. Patientenbeteiligung bei der Behandlung)
- Physical facilities (Ausstattungspolitik): betrifft das Erscheinungsbild des Produktionsortes, des Dienstleistungspersonals und der zur Erstellung notwendigen materiellen Hilfsmittel (z.B: Ambiente, Arbeitsmittel)
- In jedem dieser neuen Instrumentalbereiche wurde eine Vielzahl an Instrumenten entwickelt, die insbesondere im Qualitätsmanagement zur Anwendung gelangen

4 Internetmarketing

„If you are not in e-business before 2000, you could be out of business in 2000.“ (Andy Grove, Ex-Intel CEO)

4.1 Geschäftsmodelle des Internetmarketings

Mit einem Geschäftsmodell wird das Geschäft einer Organisation modellhaft beschrieben. Es muss auf drei Fragen eine Antwort geben können:

1. Nutzenversprechen – Welchen Kundennutzen bietet die Geschäftsbeziehung?
2. Wertschöpfung – Wie funktioniert das Geschäft, wie wird der Nutzen generiert, auf welchen Märkten werden welche Produkte verkauft (s.a. Ansoff-Matrix, Kapitel 2.5 in: Grundlagen Marketing)?
3. Ertragshaltigkeit – Mit welchen Einnahmen werden die Erträge generiert?

Beispiel für ein konkretes Geschäftsmodell

Geschäftsmodell und Erfolgsstrategie von clickair
clickair entstand aus dem Willen der Gründungsmitglieder, einen führenden europäischen Anbieter im Bereich der so genannten Low-Cost-Airlines zu schaffen, d.h. in jenem Segment der Handelsluftfahrt, der sich derzeit weltweit am raschesten entwickelt. Grundlegende Faktoren der Erfolgsstrategie von clickair sind die Optimierung der täglich mit ihren Airbus A-320 durchgeführten Punkt-zu-Punkt-Flüge, eine allgemeine Kostenstruktur, die (mit Ausnahme der Bereiche Sicherheit und Wartungsqualität) deutlich unter dem Durchschnitt herkömmlicher Fluggesellschaften liegt, sowie die Bedienung von Flugrouten mit starker Nachfrage, um eine möglichst hohe Auslastung aller Flüge zu erreichen. Diese und andere Faktoren führen zum clickair-Effekt.

Die direkten Vorteile des clickair-Effekts für den Passagier sind:

- Sicherheit als oberstes Ziel
- Die besten Angebote auf dem Markt in clickair.com
- Ein besserer Kundenservice. Höchste Pünktlichkeit und Schluss mit Overbooking.
- Flexibilität und Zuverlässigkeit
- Die besten Verbindungen mit den besten Destinationen auf den besten Flughäfen
- Bisher im Low-Cost-Segment nicht übliche Mehrwertdienstleistungen, die nach und nach aufgenommen werden

Stützpunkte

Die Hauptstützpunkt von clickair liegt am Flughafen El Prat von Barcelona, Ausgangs- und Endpunkt der meisten ihrer Flugrouten. In naher Zukunft (nicht vor 2007) sollen kleinere Stützpunkte in anderen spanischen Städten eröffnet werden. Dies bedeutet, dass einige clickair-Maschinen und eine entsprechende Anzahl an Besatzungen ihren Stützpunkt an den entsprechenden Flughäfen haben werden. Die Schaffung dieser Stützpunkte dient zur Entwicklung von Flugrouten, deren Ausgangs- und Endpunkt nicht in Barcelona liegt.

Flugrouten

Der strategische Geschäftsplan von clickair sieht für Ende 2008, nach Aufnahme des Flugbetriebs der oben genannten 30 Maschinen, einen Betrieb auf 70 Flugrouten zwischen 55 spanischen und europäischen Städten vor.

Quelle:
http://www.clickair.com/view/default.aspx?lang=4&menu=81&pagina=0

Gerade zukünftige Entrepreneure tun gut daran, sich auf der Basis der o.g. Beschreibung der Tragfähigkeit und Nachhaltigkeit ihres eigenen ausformulierten Geschäftsmodells zu vergewissern. Zur Systematisierung gehört auch die Identifizierung der involvierten Geschäftspartner. Hier wird üblicherweise auf folgende Klassifizierung zurückgegriffen (B = Business [Unternehmen], C = Consumer [Kunde]):

C2C **Geschäftsbeziehungen zwischen Konsumenten.** – Dem C2C-Bereich kommt außerhalb des Internets nur eine relativ geringe Bedeutung zu (z.B. als Bartergeschäft). Im Internet kann sich das ändern, wie das Beispiel der Musikportale zeigt, die in Konkurrenz zu kommerziellen Portalen stehen (z.B. itunes.com).

B2C **Geschäftsbeziehungen zwischen Unternehmen und Konsumenten.** – Das sog. B2C-Angebot richtet sich an Konsumenten. Dabei können Anbieter zu Empfängern und Empfänger zu Anbietern werden, z.B. wenn eine Bewertung durch den Empfänger vorgenommen wird, wie es amazon.de ermöglicht. Durch diesen Rollenwechsel entsteht ein „user-generated content". Das Unternehmen ist Empfänger der Leistung geworden.

B2B **Geschäftsbeziehungen zwischen Unternehmen.** – Beim B2B-Bereich verfolgen die Unternehmen das Ziel, die Geschäftsprozesse zu optimieren und den Absatz zu erhöhen. In der Fachsprache wird dieser Bereich auch E-Procurement genannt.

C2B **Geschäftsbeziehungen zwischen Konsumenten und Unternehmen.** – Der Bereich C2B ist im Moment noch wenig bedeutend. Doch durchzusetzen scheinen sich Webdatenbanken mit Informationen von Arbeitssuchenden, die Stellengesuche über Internetportale aufgeben. Solche Marktplätze sind den Tageszeitungen schon in bemerkbare Konkurrenz getreten.

Die B-/C-Klassifizierung lässt sich zum öffentlichen Dienst (A = Administration) erweitern, was dann auf neue Felder führt.

4.2 Was ist Internetmarketing?

Wenn in der Fach- und Beraterliteratur der Begriff Internetmarketing verwendet wird, dann oft synonym mit Onlinemarketing. Doch Onlinemarketing meint mehr. So zählen die Online-Medien wie die proprietären Onlinedienste (z.B. AOL) dazu. Onlinemarketing wäre ein Marketing, das sich mit allen befasst, die online sind. Der Begriff Internetmarketing ist präziser. Die Eingrenzung auf das Internet, das WWW (World Wide Web), ist erforderlich und wird auch in der englischsprachigen Fachliteratur bevorzugt (Mohammed 2004). Er ist wie folgt zu bestimmen:

> Mit Internetmarketing wird – genau wie beim traditionellen Marketing – die Führung des Unternehmens vom Markt her verstanden, der sich jedoch beim Internet durch seine Virtualität bestimmt, die sich konkret auf die Anbieter und Nachfrager innerhalb der Netzstruktur des Internets bezieht. Im Zentrum dieser Netzstruktur steht technisch das TCP/IP-Protokoll (Transmission Control Protocol/Internet Protocol), mit dem heterogene Computersysteme verknüpft werden und das die Basis für die Übertragung von Text-, Bild- und Tondaten bildet. Dieser Protokollstruktur bedient sich das Kommunikationsprotokoll HTTP (Hypertext Transfer Protocol).

Den Geschäftsmodellansatz einbeziehend erfordert auch das Internetmarketing – genauso wie jedes andere Marketing (Lieferantenmarketing, Bildungsmarketing etc.) – ein konzeptionelles Vorgehen, wie es bereits dargelegt wurde (Zollondz: Grundlagen Marketing, Kapitel 2):

- Internetmarktforschung – Ohne Informationen über den Markt lässt sich keine Situationsanalyse (SWOT-Analyse) für das E-Business entwickeln.
- Internetmarketingziele – Sie visieren den Sollzustand an. Sie sind letztendlich vor allem zur operablen Umsetzung der Marketingziele zu formulieren und geben die Richtung für den Internetmarketing-Mix vor. Allerdings erschöpft sich ihr Bezugspunkt nicht einzig auf die traditionellen Marketingmixbereiche. Der Instrumentalbereich ist gewissermaßen neu zu ordnen und erfordert Ergänzungen.
- Internetmarketingstrategie – Orientiert an den klassischen Strategieprofilelementen ergeben sich auch hier Weiterungen. So zum Beispiel, ob eine Pionier- oder Folgerstrategie

gewählt werden soll, die wiederum einen frühen oder späten Markteintritt begründen.

- Strategische Internet-Geschäftseinheit (E-SGE) – Möglicherweise wird es in vielen Fällen im Internetmarketing nicht die E-SGE als Bezugspunkt der Planung sein, sondern – wie heute vielfach zu beobachten – noch ein abteilungsbezogener Zusammenhang (E-Commerce-Abteilung).
- Marketing-Mix-Planung – Im Hinblick auf die eingesetzte Technologie und Internettools bestehen deutliche Unterschiede zum traditionellen Marketing. Deshalb ist zu fragen, ob die Ansätze des traditionellen operativen Marketings ausreichen, oder ob sie hinterfragt werden müssen.

4.3 Internetmarketing im E-Business

Für die aufgeworfene Frage, was Internetmarketing sei, bietet es sich an, die konkreten Verhältnisse zu betrachten, in denen die Internetökonomie sich entfaltet. Lässt man einmal den informationellen Sektor außer Acht, gilt es am wirtschaftlich bestimmenden Part, nämlich der Net Economy, anzusetzen.

> „Die ‚Net Economy‘ bezeichnet den wirtschaftlich genutzten Bereich von elektronischen Datennetzen (E-Business) und ist damit eine digitale Netzwerkökonomie, welche über verschiedene elektronische Plattformen die Abwicklung von Informations-, Kommunikations- und Transaktionsprozessen erlaubt.“ (Kollmann 2007, S. 59)

In der Net Economy wird eingekauft, verkauft und gehandelt, drei Grundfunktionen jeglicher wirtschaftlicher Tätigkeit. Die Produkte können materieller und/oder immaterieller Art sein. Transaktionen im E-Business-Bereich werden angetrieben durch je spezielle Internetmarketingmaßnahmen, die sehr wohl vom Internetmarketing öffentlicher Institutionen unterschieden werden müssen. Die Konzentration erfolgt hier auf das E-Business. Unter dem Dach des E-Business lassen sich drei relevante Aktionsbereiche bestimmen, auf die sich das Internetmarketing jeweils beziehen muss. Bei diesen drei Aktionsbereichen handelt es sich um übergeordnete generalisierte Geschäftsmodelle. Für das Internetmarketing im E-Business ergeben sich zu diesen Geschäftsmodellen zunächst die folgenden zielführenden Fragen:

- **E-Procurement** (elektronischer Einkauf) – Wie kann Internetmarketing im Mix auf die spezifischen Forderungen an die Gestaltung von Geschäftsbeziehungen im Einkauf ziel-, strategie- und gestaltungsbezogen effektiv und effizient reagieren? Welche Instrumente und Softwarelösungen lassen sich sinnvollerweise nutzen? Welche Rolle spielen Supplier Networks? Unter welchen Bedingungen entscheidet sich der Kunde für Fullservice-Dienstleister?
- **E-Shop** (elektronischer Verkauf; oft auch E-Commerce genannt) – Wie können im Internetmarketing Kundengewinnung und Kundenbindung betrieben werden? Welche Rolle spielt in diesem Zusammenhang die Internet-Marktforschung? Wie lässt sich mit Ansätzen des Internetmarketings der Bekanntheitsgrad des E-Shops steigern? Wie lassen sich Produkt- und Preissuchmaschinen nutzen? Lassen sich besondere Preisstrategien im Internetmarketing entwickeln? Wie lassen sich Maßnahmen des Viral Marketings kostenlos integrieren? Was muss der E-Shop-Betreiber tun, um Kundenzufriedenheit zu fördern? Welche Rolle kommt dem Beschwerdemanagement zu? Wie lässt sich der CRM-Ansatz in den elektronischen Verkauf integrieren?
- **E-Marketplace** (elektronischer Handel) – Wie können im Internetmarketing auf dem E-Marketingplace Kundengewinnung und Kundenbindung betrieben werden? Wie kann in der Anfangsphase ein Grundpotenzial an Objekten für das Matching geschaffen werden? Wie lässt sich erreichen, dass die Online-Marktteilnehmer auf dem E-Marketplace optimal zusammengeführt werden? Wie sind Off- und Online-Kommunikation komplementär aufeinander zu beziehen? Wie lassen sich Nachfrager mit ‚echten' Kaufabsichten aktivieren? Da die Online-Marketplace-Beziehung tripolar gestaltet ist, stellt sich die Frage der Gestaltung ei-

ner gleichgewichtigen Beziehung zwischen den Marktpartnern. Wie schafft der E-Marketplace-Betreiber die Lösung dieser Aufgabe? Wie lässt sich der CRM-Ansatz in den elektronischen Handel integrieren?

Schon diese Fragen und Problemaufrisse zeigen klar, dass es „das" Internetmarketing nicht geben kann, weil sowohl die Fragen wie auch die möglichen Antworten je nach Business-Modell unterschiedlich sind. Die Konzentration auf diese aus der Geschäftstätigkeit des E-Business abgeleiteten Themen für das Internetmarketing zeigt, dass einerseits die traditionellen Gestaltungsbereiche (4 Ps) nicht aufgegeben werden dürfen, andererseits ist aber auch erkennbar, dass es gerade im operativen Internetmarketing weiterer Marketingtools bedarf, die es im klassischen Verständnis bisher nicht gab, weil sie bisher keine Entsprechung im Marketing besitzen konnten. Hierzu mag der folgende grobe Überblick hilfreich sein.

4.4 Der Internetmarketing-Mix im E-Business

Damit die zentralen Aktivitäten im Internet (einkaufen, verkaufen, handeln) im Mixbereich des Internetmarketings ausgeführt werden können, muss die eigene Website gestaltet werden. Schon bei den ersten Anfängen des Internets war erkennbar, dass neben der sog. „elektronischen Post" zur Präsentation die eigene Website über die Selbstdarstellung hinaus für jeden das sichtbar Neue am Internetmarketing ist. Es verbietet sich – entgegen der Meinung noch vieler Autoren – die Präsentation der Webseite innerhalb des klassischen Marketing-Mix einfach umstandslos dem Kommunikationsmix unterzuordnen und darauf hinzuweisen, dass sich Trennschärfe nicht herstellen lässt, weil natürlich die eigene Website nicht nur der Kommunikation, sondern auch dem Vertrieb, dem Pricing und auch dem Produkt direkt zugeordnet werden kann.
Diesem Dilemma der Zuordnung lässt sich nur entgehen, wenn man Präsentation als fünften eigenen Mixbereich begreift, der

auf derselben begrifflich-konzeptionellen Ebene wie die klassischen 4 Ps angesiedelt ist. Präsentation (engl. presentation) ist damit als eigenständiger Gestaltungsbereich zu sehen, dem verschiedene Submixe zugeordnet werden müssen. Die Usability-Forschung (Nielsen/Loranger 2006) zum Webdesign lässt uns erfahren, dass Präsentation nicht von Marketingexperten eigenständig geleistet werden kann, sondern des kontinuierlichen Zusammenwirkens von Webdesignern und Kommunikationsexperten bedarf. Forderungen an die Website stellen nicht nur Kunden, sondern Stakeholder allgemein, also die Partner am Markt. Das wird deutlich, wenn man das Geschäftsmodell E-Procurement von der Beispielgruppe der Lieferanten aus der Marketingperspektive heraus betrachtet. Hier wird das Unternehmen – je nach Ausrichtung und Größe – eine eigene Beschaffungs-Website entwickeln, um dort u.a. interaktive Lieferantenbewerbungsprozesse zu initieren, bewerten und zu selektieren und um neue und attraktive Beschaffungsquellen zu finden.

Der Internetmarketing-Mix folgt somit einer Systematik, nach der jeder zugleich Kunde und Lieferant ist. Diese dynamische Sicht und in der Praxis des Internets konkret feststellbare Tendenz wird sich immer mehr durchsetzen (Stichwort Web 2.0; zum Studium geeignet: Kollmann/Häsel 2007). Wer „user-generated content" erstellt, ist in diesem Moment zum Lieferanten geworden und der Empfänger der Leistung wird zum Kunden. Im Sinn der soziologischen Rollentheorie (Wiswede 1977) entwickelt sich in der Tat ein Rollenspiel permanent wechselnder Rollen auf der Folie einer Interdependenzstruktur, die als Prozess zu begreifen ist. Der Prozesscharakter im Marketing-Mix wurde bereits eingeführt (Kap. 3).

Prozesse erreichen im Internetmarketing eine eigenständige Basisfunktion, dreht sich doch alles, die Qualität der Hardware vorausgesetzt, um den Softwareprozess. Im E-Procurement werden Prozesse bemüht, damit ein Beschaffungsagent seine Arbeit verrichten kann. Alles, was sich unter der dem menschlichen Auge sichtbaren Oberfläche des Monitors abspielt, wird über Prozesse generiert. Von der Managementlehre wurde dieser zentrale Aspekt des Managements bereits vor Jahren aufgegriffen (Jeston/Nelis 2006). Es wird Zeit, ihn systematisch in das Marketing einzubinden. Jedenfalls konstituieren Prozesse bereits in ihrer einfachsten Form als Workflows das Internetmarketing. Prozess ist somit die sechste Kategorie im Internetmarketing. Einen Gesamtüberblick der sogenannten sechs P's des Internetmarketings zeigt die Abbildung.

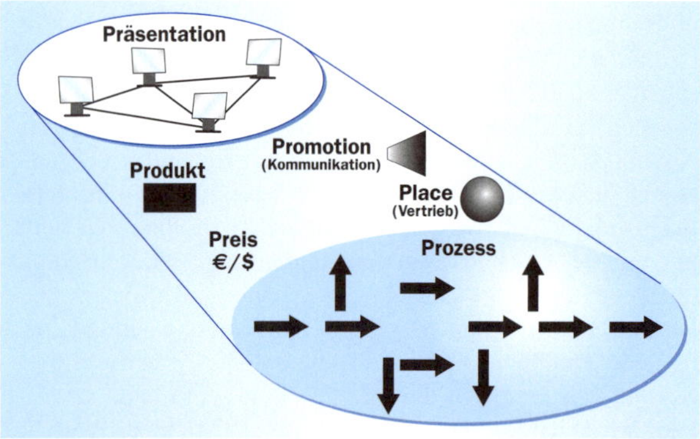

Die 6 Ps des Marketing-Mix für das Internetmarketing

Prozesse wollen gestaltet werden, was im Falle der Programmierung die Informatik leistet, jedoch der Marketer ist gefordert, den Input und Output zu definieren. Die Entscheidung, ob und wie eine Marketingaussage als Bild, Text, Ton oder Video gestaltet werden soll, trifft der Internetmarketing-Manager und nicht die Informatik. Deshalb hat sich das Marketing auch um ein Verständnis der Internetansätze und -begriffe zu bemühen und diese auch in ihre Fachsprache zu integrieren. Die Terminologie des Internetmarketing-Mix ist in der Tat eigenständig und hat bei den meisten Begriffen nichts mehr mit dem Wissen zu tun, das im klassischen Vokabular des Marketings steckt (Bruhn/Homburg 2005).

Auf den Punkt gebracht:

- Internetmarketing bedarf der systematischen Verankerung in einem Geschäftsmodell, das in jedem Fall auf drei Fragen Antwort geben muss: (1) Welchen Kundennutzen bietet die Geschäftsbeziehung? (2) Wie funktioniert das Geschäft? / Wie wird Wertschöpfung generiert? (3) Mit welchen Einnahmen werden die Erträge generiert?

- Die Geschäftsbeziehungen zwischen den Geschäftspartnern werden wie folgt typologisiert: C2C, C2B, B2C, B2B. Betriebswirtschaftlich relevant sind besonders die Bereiche B2B und B2C, da dort besonders hohe Umsätze realisiert werden können.

- Die Definition von Internetmarketing bezieht sich auf die Virtualität, die sich in der Netzstruktur des Internets widerspiegelt. Aus informationstechnischer Sicht sind das TCP/IP-Protokoll und das Kommunikationsprotokoll HTTP Bestandteil der Definition.

- Den besonderen Schwerpunkt bildet das Internetmarketing im E-Business, in dem die drei übergeordneten Geschäftsmodelle E-Procurement, E-Shop und E-Marketplace Bezugspunkt für das Internetmarketing sind.

- Der Internetmarketing-Mix grenzt sich ab vom klassischen 4-P-Marketing-Mix, indem er eine Erweiterung auf 6 Ps erfährt: Präsentation, Prozess, Produkt, Promotion, Preis, Place.

Literaturverzeichnis

Aaker, D. A.: Management des Markenwerts. Frankfurt a.M./New York 1992

Albrecht, K.: Total Quality Service. Düsseldorf u.a. 1993

Bachelard, G.: Der neue wissenschaftliche Geist. Frankfurt a.M. 1988

Bagozzi, R. P. u.a.: Marketing-Management. München 2000

Becker, J.: Marketing-Konzeption. 7. Aufl., München 2001

Benkenstein, M.: Strategisches Marketing. Stuttgart 2002

Blanchard, K. u.a.: Management durch Empowerment. Reinbek 1999

Bolz, N.: Die Konformisten des Andersseins. München 1999

Bruhn, M.: Kommunikationspolitik. 2. Aufl., München 2002

Bruhn, M.: Relationship Marketing. Das Management von Kundenbeziehungen. München 2001

Bruhn, M.: Marketing. Grundlagen für Studium und Praxis. 6. Aufl., Wiesbaden 2002

Bruhn, M.: Integrierte Unternehmenskommunikation. Strategische und operative Umsetzung. 3. Aufl., Stuttgart 2003

Bruhn, M./Homburg, Chr. (Hrsg.): Gabler Marketing Lexikon. Wiesbaden 2001

Bruhn, M.; Homburg, Chr.: Lexikon Marketing. 2. Auflage. Wiesbaden 2005

Corsten, H.: Grundlagen der Wettbewerbsstrategie. Stuttgart/Leipzig 1998

Diller, H.: Preispolitik. 3. Aufl., Stuttgart 2000

Diller, H.: Preis- und Distributionspolitik starker Marken vor dem Hintergrund fortschreitender Handelskonzentration. In: Köhler, R. u.a. (Hrsg.): Erfolgsfaktor Marke. München 2001, S. 117-133

Ergenzinger, R./Thommen, J.-P.: Marketing. Vom klassischen Marketing zu Customer Relationship Management und E-Business. Zürich 2001

Fritz, W./von der Oelsnitz, D.: Marketing. Elemente marktorientierter Unternehmensführung. 3. Aufl., Stuttgart 2001

Froböse, M./Kaapke, A.: Marketing. Eine praxisorientierte Einführung mit Fallbeispielen. Frankfurt a.M./New York 2000

Grönroos, Chr.: Service Management and Marketing. A Customer Relationship Management Approach. Second Ed. Chichester et al. 2001

Gummesson, E.: Relationship-Marketing: Von 4P zu 30R. Wie Sie von den 4 Marketingprinzipien zu den 30 Erfolgsbeziehungen gelangen. Landsberg 1997

Haedrich, G./Tomczak, G.: Strategische Markenführung. 2. Aufl., Bern/ Stuttgart/Wien 1996

Haller, S.: Dienstleistungsmanagement. 2. Aufl., Wiesbaden 2002

Homburg, Chr./Krohmer, H.: Marketingmanagement. Wiesbaden 2003

Jeston, J.; Nelis, J.: Business Process Management. Practical Guidelines to Succesful Implementations. Amsterdam et al. 2006

Kelly, K.: NetEconomy. Zehn radikale Strategien für die Wirtschaft der Zukunft. München 2001

Kirsch, J./Müllerschön, B.: Marketing kompakt. 4. Aufl., Sternenfels 2001

Kloss, I.: Werbung. 3. Aufl., München/Wien 2003

Köhler, R./Majer, W./Wiezorek, H.: Erfolgsfaktor Marke. München 2001

Kollmann, T.: E-Business. Grundlagen elektronischer Geschäftsprozesse in der Net Economy. 2. Aufl. Wiesbaden 2007

Kollmann, T.; Häsel, M. (Hrsg.): Web 2.0. Trends und Technologien im Kontext der Net Economy. Wiesbaden 2007

Koppelmann, U.: Produktmarketing. Entscheidungsgrundlagen für Produktmanager. 5. Aufl., Berlin u.a. 1997

Kotler, Ph. u.a.: Marketing der Zukunft. Frankfurt/New York 2002

Kotler, Ph./Bliemel, F.: Marketing Management. 10. Aufl., Stuttgart 2001

Kroeber-Riehl, W./Esch, F. R.: Strategie und Technik der Werbung. 5. Aufl., Stuttgart 2000

Kreutzer, R. T.: Die Basis für den Dialog. In: Absatzwirtschaft, Heft 4 (1990), S.106

Kuhn, Th. S.: Die Struktur wissenschaftlicher Revolutionen. 15. Aufl., Frankfurt a.M. 1999

Kunisch, R.: Brand-Stretching: Chancen und Risiken. In: Köhler, R. u.a. (Hrsg.): Erfolgsfaktor Marke. München 2001, S. 150-155

Kuß, A.: Marketing-Einführung. 2. Aufl., Wiesbaden 2003

Luger, A. E., Pflaum, D.: Marketing. Strategie und Realisierung. München/ Wien 1996

Malorny, Chr.: Business Excellence durch TQM. In: Zollondz, H.-D. (Hrsg.): Lexikon Qualitätsmanagement. Handbuch des Modernen Managements auf der Basis des Qualitätsmanagements. München/Wien 2001, S. 69-76

Marti, R.: Integriertes Marketing als Kernkompetenz eines Start-up-Unternehmens. In: Bergmann, G./Meurer, G.: Best Patterns Marketing. Neuwied u.a. 2003, S. 235-246

McCarthy, E. J.: Basic Marketing. A Managerial Approach. 6. Ed., Homewood, Ill. 1960

Mohammed, Rafi A. et al.: Internet Marketing. Building Advantage in the Networked Economy. Second Edition. Boston (Mc Graw Hill) 2004

Nielsen, J.; Loranger, H.: Web Usability. München 2006

Nieschlag, R./Dichtl, E./Hörschgen, H.: Marketing. 19. Aufl., Berlin 2002

Parasuraman, A. et al.: A Conceptual Model of Service Quality and its Implications for Future Research. In: Journal of Marketing, Vol. 49 (Fall 85), 41-50

Pietzcker, D.: Werbung texten. Von Idee und Konzept zur medienwirksamen Botschaft. Berlin 2003

Pompl, W.: Total Quality Service. In: Zollondz, Hans-Dieter (Hrsg.): Lexikon Qualitätsmanagement. München/Wien 2001, S. 1167-1171

Radtke, Ph./Wilmes, D.: European Quality Award. Die Kriterien des EQA umsetzen. Praktische Tips zur Anwendung des EFQM-Modells. 2. Aufl., München/Wien 2000

Reutterer, Th.: Marktsegmentierung. In: Simon/von der Gathen 2002, S. 271-284

Rossiter, J. R.; Percy, L.: Advertising Communications and Promotion Management. Sec. Ed. New York 1997

Roth, P.: Positionierung durch Qualität. In: Zollondz, Hans-Dieter (Hrsg.): Lexikon Qualitätsmanagement. München/Wien 2001, S. 705-711

Roth, P.: Grundlagen des Touristikmarketing. In: Roth, P.; Schrand, A. (Hrsg.): Touristikmarketing. 4. Aufl., München 2003, S. 31-147

Rumler, A.: Marketing für mittelständische Unternehmen. Berlin 2002

Rusch, G.: Das neue Paradigma. In: Bergmann, G./Meurer, G.: Best Patterns Marketing. Neuwied u.a. 2003, S. 291-311

Scharf, A./Schubert, B.: Marketing. 3. Aufl., Stuttgart 2001

Schmitz, C./Kölzer, B.: Einkaufsverhalten im Handel. München 1996

Schnettler, J./Wendt, G. (I): Kommunikationspolitik für Werbe- und Kommunikationsberufe. Berlin 2003

Schnettler, J./Wendt, G. (II): Marketing und Marktforschung. Berlin 2003

Serres, M.: Hermes I.: Kommunikation. Berlin 1991

Simon, H./von der Gathen, A. (Hrsg.): Das große Handbuch der Strategieinstrumente. Frankfurt/New York 2002

Stahl, H. K.: Modernes Kundenmanagement. Renningen 2000

Stähler, Patrick: Geschäftsmodelle in der digitalen Ökonomie: Merkmale, Strategien und Auswirkungen. Köln-Lohmar 2001

Teisman/Birker (Hrsg.): Handbuch Praktische Betriebswirtschaft. 4. Aufl., Berlin 2002

Uhe, G.: Operatives Marketing. Gezielter Einsatz des Marketing-Instrumentariums. Berlin 2002

Weis, H. Chr.: Marketing. 9. Aufl., Ludwigshafen 1995

Whitehead, A. N.: Wissenschaft und moderne Welt. Frankfurt a.M. 1984

Wiswede, G.: Rollentheorie. Stuttgart 1977

Zingale, A./Arndt, M.: Das E-CRM Praxisbuch. Was Sie über Customer Relationship Management im Internet wissen müssen. Weinheim 2002

Zollondz, H.-D.: Grundlagen Marketing. Von der Vermarktungsidee zum Marketingkonzept. 4. Auflage. Berlin 2008

Abkürzungsverzeichnis

AIDA	A (Attention), I (Interest), D (Desire), A (Action)
BE	Business Excellence
CI	Corporate Identity
CR	Customer Relationship
CRM	Customer Relationship Management
EFQM	European Foundation for Quality Management
E-SGE	Elektronische Strategische Geschäftseinheit
JIT	Just-in-Time
KLB	Kunden-Lieferanten-Beziehung
KVP	Kontinuierlicher Verbesserungsprozess
POS	Point of Sale
PR	Public Relations
QM	Qualitätsmanagement
SEP	Service Engineering Process
SGE	Strategische Geschäftseinheit
USP	Unique Selling Proposition
WIS	Wettbewerbs-Image-Struktur

Stichwortverzeichnis

Abverkaufsmaßnahmen 91
AIDA-Formel 83
Ausstattungspolitik 23 ff.

Beschwerdemanagement 41
Business Excellence 106

Commitment 116
Convenience Goods 86
Copy-Strategie 78
CR-Marketing 7 ff., 25
Customer Relationship Marketing 14, 25, 106, 108

Dachmarkenstrategie 51
Dienstleistung 34
Dienstleistungsmanagement 112
Dienstleistungsmarketing 23, 106 ff.
Direkter Vertrieb 99
Distributionspolitik 11, 27 f., 32 f., 95 ff.

E-Business 102
E-Commerce 102
EFQM-Modell 110
Einzelmarkenstrategie 48
E-Marketplace 123
Empowerment 110
E-Procurement 123
Ertragshaltigkeit 118
E-Shop 123
Externer Faktor 36

Familienmarkenstrategie 50

Geschäftsbeziehungen 120
Geschäftsmodell 118

Halo-Effekt 48
Handelsmarkenstrategie 52
Hineinverkaufsmaßnahmen 91

Imitations-Strategie 19
Immaterialität 35
Indirekter Vertrieb 99 f.
Innovationsmanagement 36
Inside-out-Perspektive 22
Internet-Commerce 102
Internetmarketing 118, 120
Internetmarktforschung 121
Internetmarketingziele 121
Internetmarketingstrategie 122
Involvement 85

Just-in-Time 95

Kaufverhalten 87 f.
Kommunikation 80
Kommunikationsinstrumente 76 ff.
Kommunikationsmodell 68 ff.
Kommunikationspolitik 11, 27 f., 32 f., 67 ff.
Kommunikationsprozess 69
Konditionenpolitik 11, 27 f., 32 f., 52 ff.
Konkurrenz 53
Kosten 53
Kunden 53
Kundenzufriedenheit 14, 109, 115

Lieferbedingungen 56

Magisches Dreieck 54
Marke 16, 40, 42 ff.
Markenführung 46
Markenimagestrategie 52
Markenmanagement 37
Markenpolitik 36
Markentransferstrategie 52
Markenzeichen 45
Marketinginstrument 9, 22
Marketingkonzeption 30
Marketing-Mix-Planung 122
Marketingmodell 24
Marketingpolitik 12
Marketingziele 31
Markierung 36, 40
Marktforschung 22
Marktorientierte Unternehmensführung 114
Mediawerbung 78 ff.
Medienwahl 82
Mehrmarkenstrategie 49
Me-too-Strategie 19
Mitarbeiterorientierung 119 ff.
Mythos Marke 46

Namensgebung 40
Nutzenversprechen 116

One-to-One-Marketing 14, 64, 103
Onlinemarketing 103
Onlinevertrieb 102 ff.
Outside-in-Perspektive 22

Paradigmenwechsel 7, 23
Personalpolitik 23, 107 ff., 109 ff.
Personnel 107 ff., 117
Physical facilities 107 ff.
Place 8
Platzierung 92 f.
Positionierung 10, 13, 16 ff.

Positionierungsfehler 20
Preis 55
Preis- und Konditionenpolitik 11, 27 f., 32 f., 52 ff.
Preisabfolge 62
Preisdifferenzierung 63 f.
Preis-Leistungs-Verhältnis 53
Preis-Mix 66
Preispolitische Instrumente 54 ff.
Preispolitische Strategien 59 ff.
Preispolitische Ziele 58
Preispositionierung 61
Preiswettbewerb 61
Price 8
Process 107 ff., 117
Produkt 31
Produktdifferenzierung 39 f.
Produktinnovation 39
Produktkategorien 34
Produktlebenszyklus 37
Produktpolitik 11, 27 f., 31 ff., 36
Produktverbesserung 39
Promotion 8
Prozessmanagement 111 f.
Prozesspolitik 23, 107 ff., 111 f.
Prozess-Spezifikationen 115
Pull-Kommunikation 72 ff.
Push-Kommunikation 72 ff.

Qualität 19
Qualitätsforderung 108
Qualitätsmanagement 24, 106
Qualitätsversprechen 40

Rabatt 55
Relationship Marketing 24, 115

Segmentierung 10, 13 ff.
Service Design 112 ff.
Service-Engineering-Prozess 113
Serviceleistungen 41
Skonti/Boni 56
Sortimentsplanung 41
Speciality Goods 86
Strategische Internet-Geschäftseinheit 122

Transaktions - Marketing 22 ff.

Unique Selling Proposition 19
Uno-actu-Prinzip 36
Unternehmensführung, marktorientierte 115
USP 19

Verkaufsförderung 88 ff.
Verpackung 42
Vertrieb, direkter 99
Vertrieb, indirekter 99 f.
Vertriebspolitik 95 ff.
Vertriebssystem 97

Warten 112
Werbestrategie 20
Werbewirksamkeits-Portfolio 84
Werbung 78 ff.
Wertschöpfung 118
Wettbewerbs-Image-Struktur 19

Zahlungsbedingungen 56
Zusatznutzen 31, 34